布教授有办法 | 美国家喻户晓的儿科医生与
发展心理学家 **布雷泽尔顿** 重磅力作

Understanding Sibling Rivalry

读懂二孩心理

（美） T.贝里·布雷泽尔顿（T.Berry Brazelton）
乔舒亚·D.斯帕罗（Joshua D.Sparrow）　著

严艺家　译

化学工业出版社

·北京·

声明：本书旨在提供参考而非替代性建议，一切应以你孩子的儿科医生建议为准。本书所涉内容不应成为医疗手段的替代方式。作者倾尽全力确保书中内容与数据在出版时的精度，但由于持续的研究及海量信息，一些新的研究成果可能会取代本书中现有的数据与理论。在开始任何新的治疗或新的项目之前，你需要就孩子的健康、症状、诊断及治疗问题等咨询儿科医生。

Understanding Sibling Rivalry, 1st edition/by T. Berry Brazelton, Joshua D. Sparrow
ISBN 978-0-7382-1005-6
Copyright © 2005 by T. Berry Brazelton, and Joshua D. Sparrow. All rights reserved.
This edition published by arrangement with Da Capo Press, an imprint of Perseus Books, LLC, a subsidiary of Hachette Book Group, Inc., New York, USA. All rights reserved.

本书中文简体字版由Perseus Books, Inc.授权化学工业出版社独家出版发行。
未经许可，不得以任何方式复制或抄袭本书的任何部分，违者必究。

北京市版权局著作权合同登记号：01-2018-2248

图书在版编目（CIP）数据

读懂二孩心理/（美）T. 贝里·布雷泽尔顿（T. Berry Brazelton），（美）乔舒亚·D. 斯帕罗（Joshua D. Sparrow）著；严艺家译. —北京：化学工业出版社，2018.6（2025.7重印）
（布教授有办法）
书名原文：Understanding Sibling Rivalry
ISBN 978-7-122-31811-4

Ⅰ．①读…　Ⅱ．①T…②乔…③严…　Ⅲ．①儿童心理学②儿童教育-家庭教育　Ⅳ．①B844.12②G782

中国版本图书馆CIP数据核字（2018）第055187号

责任编辑：赵玉欣　王新辉　　　　　　装帧设计：尹琳琳
责任校对：王　静

出版发行：化学工业出版社（北京市东城区青年湖南街13号　邮政编码100011）
印　　装：大厂回族自治县聚鑫印刷有限责任公司
880mm×1230mm　1/32　印张6$\frac{1}{2}$　字数108千字　2025年7月北京第1版第5次印刷

购书咨询：010-64518888
售后服务：010-64518899
网　　址：http://www.cip.com.cn
凡购买本书，如有缺损质量问题，本社销售中心负责调换。

定　　价：49.80元　　　　　　　　　　　　版权所有　违者必究

推荐序

　　我做儿科医生32年，在门诊经常与不同年龄、不同职业、不同地域甚至不同文化背景的家长们交流孩子健康问题。我做科学育儿的科普工作也有二十多年，现在仍每天通过微博回复一些家长的问题。与过去相比，如今我越来越真切地感觉到，我们的家长不论是"养"孩子，还是"育"孩子，都已经出现了很多与过去相比完全不同的新问题。

　　前些天我在门诊中看了这样一个小朋友：

　　小男孩12个月大，就快学会走路了，在诊室里爬来爬去，不停地尝试站起来，然后倒下，然后继续尝试。我问孩子妈妈："这次孩子来是因为什么原因呢？"妈妈很焦虑，气色显得也不那么好，说："孩子最近一个月醒后就不停地动，即使睡觉时，也不踏实。孩子是否患上了多动症？看孩子特别累。"我继续问："孩子白天吃辅食怎么样？""吃饭也不老实，就像这样不停地爬、扶站。"我开始给孩子检查身体，没发现什么异常，孩子的精神头也挺好的。我告诉孩子的妈妈："回家耐心等待吧，等他学会走路就好了。"

　　这种情况在孩子不同发展阶段其实很常见，**孩子为了取得某方面的发展，会在另一些方面出现一些倒退。**

　　就像上面例子中的小男孩，他因为即将要学会走路，白天不停地尝试站立，心思全在学走路上，对吃饭的兴趣自然下降，同时"会走路"意味着他可以跟妈妈"分离"了，孩子对此是会焦虑的，分离的焦虑加上白天的劳累，出现频繁的夜醒、哭闹就自然了。

我一般会在给孩子检查身体的时候，跟父母聊聊孩子最近的状态，告诉他们孩子很快就会取得突破性的进展，现在只是在积蓄力量，我们需要做的只是耐心等待。这些聊天可以很大程度上缓解父母的焦虑感。

说到焦虑，如今它似乎成了"时代标签"。特别是在育儿方面，我们有更好的经济条件，空前关注孩子的养育和教育，但我们的焦虑似乎更严重了。

我给一个5岁多的孩子查体，查体完之后我让孩子从检查床上下来，这时妈妈蹲下来了，我问妈妈"你要干嘛"，她说要给孩子穿鞋，我问孩子"你能自己穿吗？"孩子说"能"，但是最后妈妈还是自己"帮"孩子穿上了。

我们家长都希望孩子走上独立，可孩子如何走向独立？小到从会捏东西时，就让他自己尝试吃饭；会爬时，就让他自己去拿想要的东西；会穿鞋时，就让他自己去穿鞋……父母对孩子的过分关注，实际上是对孩子成长的阻挠。

去年我接诊的一个小女孩，至今印象特别深刻：

小女孩10岁，一直成绩优异，但最近出现气短、胸闷、出大汗、肚子痛的情况，看了很多医生都没有找到病因，家长十分焦急。经过仔细了解，发现其实这是孩子的心理原因导致的——女孩的妈妈可以说是一位高标准、严要求的妈妈，每天都要跟孩子的老师谈话，目的就是希望孩子的成绩永远保持第一。但是夫妻俩的感情不太好，经常为了小事争吵，每次爸爸出差回来，这个10岁的女孩子就要睡在爸爸妈妈中间。在孩子小小的心里，她觉得这是一种防止爸爸妈妈吵架甚至打架的方式，但其实孩子觉得很委屈。

当我们帮助这个孩子、这个家庭梳理清楚其中的关系后，家长才恍然大悟。

举这个例子是想说什么呢？我们经常提到"别让孩子输在起跑线上"，这个提法也是很多父母惯常的思维模式，就是将养与育的着眼点落在孩子个人身上。受这个思维的影响，在养育孩子的过程中，遇到问题习惯从孩子身上寻找解决办法，但很快就发现无能为力。当我们调整思维模式，尝试把着眼点放在构建更好的家庭关系和社会关系，会发现很多养育问题自然得解。

我们所处的时代飞速变化着，我们父母对养育的认识也须跟进。布雷泽尔顿教授的《布教授有办法》系列这时候被引进到国内，可以说正是时候。

作为"影响了几代美国父母"的儿科医生，布雷泽尔顿教授最重要的贡献在于，让人们认识到儿童身心发展是不分家的。从他开始，人们越来越多地意识到，孩子的生理状况和他的心理状态有非常大的关系。比如在《读懂二孩心理》中，他谈到，家里有二宝的家庭，大宝可能会出现便秘、尿床或者厌食挑食等现象，这时他会给予父母合适的回应来降低他们的焦虑，帮助大宝更好地度过情感焦虑期。反过来说，某些看似心理层面的问题，也可能与生理有很大关系。比如说在《应对孩子的愤怒与攻击》中，他谈到，孩子的"起床气"有时候是和清晨低血糖有关，在那一刻给予更多情感支持还不如一杯橙汁有效。

布教授反复强调："我的工作对象既不是孩子，也不是父母，而是他们之间的关系。"《布教授有办法》系列几乎涵盖了每个家庭可能会遇到的问题。对于孩子的愤怒与攻击、如何给孩子立规矩、二胎时代出现的各种变化等难题，布教授带领我们另辟蹊径，从构建更好的亲子关系和家庭关系入手化解难题。**养育的关系视角是布雷泽尔顿教授作为儿科医生兼发展心理学专家的独特贡献。**

布教授活跃的时期刚好是美国社会急速发展的时期，与中国现在所处的发展阶段十分相似，他不仅给父母专业细致的育儿指导，他对孩子身心全方位的关注以及养育的关系视角让父母们对养育更胜任。"他陪伴了几代美国父母，让他们告别焦虑，享受为人父母的乐趣。"这不正是我们中国父母需要的吗？

《布教授有办法》推荐给大家，祝愿大家都能享受养育的乐趣。

2018.5 于北京

译者前言

　　2015 年实施全面二胎政策后，中国家庭正在书写一段人类史上"前无古人，后无来者"的篇章：来自独生子女时代的父母们，开始大规模构建二胎家庭。

　　在心理咨询室里呈现出的变化几乎与政策颁布同步：因为养育二胎而前来求助的年轻父母逐渐增多。无论他们的孩子正呈现出哪些令人头疼的问题，有一点几乎是共性的：大部分年轻一代的父母们难以想象与兄弟姐妹在同一屋檐下长大的感觉。

　　无论在孩提时代我们对于自己的父母是认同还是反对，是否曾窃窃希望过自己成为和他们不一样的父母，人要突破自己记忆的藩篱从来不是一件容易的事情：当大部分年轻父母的记忆中并没有自己父母养育多个孩子的记忆，那么当他们自己需要成为不止一个孩子的父母时，几乎连个参照物都没有。诚然，中国并不是没有经历过以多胎家庭为主的历史时期，然而在那个物资尚匮乏的年代，养育孩子的着眼点更多在于"生存"本身，心智层面的养育是奢谈，也并没有太多信息可供参考。从这个意义而言，养育二胎的父母们都在真实演绎何为"摸着石头过河"。

　　还好我们有布雷泽尔顿医生，对这位近百岁的美国著名儿科医生而言，陪伴不同父母和孩子成长、为他们答疑解惑的过程不仅是工作，更是一门艺术。在翻译的过程中，经常会时不时折服于他的智慧、敏锐与慈悲。本书凝结了他跨越了大半个世纪的学术积累与临床经验，对于想要了解二宝心理，在多胎家庭中养育好孩子的父母而言是必不可少的良伴。无论是布教授本人还是本书的另一名作者——哈佛大学附属儿童医院精神科主任斯帕罗教授，他们都是中国人民的老朋友：早在独生子女计划刚刚实行的 1979 年，布教授就曾以国际专家的身份应中国政府邀请前来进行政策讨论与评估；而斯帕罗教授则从 2010 年开始，每年定期前往上海市精神卫生中心进行"婴幼儿及青少年心理评估、干预及预防"的长程培训，为中国的精神卫生人才培养付出了大量的时间与努力。正是因为这些跨文化的视角与情怀，本书的内容读来并不会有东西文化不兼容之感，反而会体验到超脱于国籍与文化的人性大同。

在充斥着快餐育儿文化的今天，布教授的书并没有傲慢地将自己的理论与思想居于权威地位（尽管他的权威性不仅得到了千百万父母的认可，更是曾获得美国前总统奥巴马颁发的"美国总统公民勋章"），恰恰相反，他一直强调要对父母进行"赋能"，使他们看见自己的资源与力量，相信自己能成为足够好的养育者。"授之以渔"的思想贯穿在整本书的结构之中，相信父母们阅读完本书后能收获的不仅是知识与技巧，更是知其所以然的底气与举一反三的智慧。

本书第一部分谈论的是二孩家庭中的共性体验，那些体验从何而来，又将会产生哪些影响。之所以要在谈论具体的知识点及技法前谈论这个看似抽象实则深入人心的部分，正是为了让读者避免"盲人摸象"之感，从阅读之初就能感受到情感层面的共鸣与联结：科学研究显示，当情感共鸣不存在时，学习几乎是无法在大脑皮质进行的。阅读本章节，仿佛布教授就坐在面前，娓娓道来他的见证与思考；平实叙述每个家庭，甚至包括他自己曾经历过的多胎养育中的困境。值得一提的是，布教授关注的着眼点并不是孩子或父母个体，而是两者之间的"关系"，也包括小家庭和其支持体系之间的"关系"（如医生、祖辈等）。正是这种多元平衡的视角，使得布教授的文字有着熨帖人心的魅力。如同他所期望的那样，这些书并不是为了让父母感到更焦虑自责而著，而是让父母在读完后感受到支持与底气，从而成为更有力量的养育者。

本书第二部分谈论的是二宝在不同年龄阶段会给整个家庭带来怎样的影响，这一视角在市面上的同类中文书籍中绝无仅有，其中也包括了布教授经典的"触点"理论——触点是指孩子在成长过程中发生行为退行，以积聚能量为下个阶段的发展做准备的一些特定阶段。在心理咨询室中，经常有父母苦恼于一向乖巧的老大为何突然一下子对弟弟妹妹充满敌意，或者为何老大在弟弟妹妹到来之际开始出现诸如挑食、尿床等行为倒退的状况。布教授以二宝的年龄变化为轴线，带着父母们体验大宝们在弟弟妹妹不同成长阶段所面临的压力，以及弟弟妹妹在不同成长阶段因为更大孩子的存在而体验到的别样感受。阅读布教授的书，读者常常会有茅塞顿开之感："哇，原来是这样的！"如今的育儿文化试图让父母相信孩子的行为发展都与自己的所作所为相关，但布教授试图让父母看见的是，很多时候一些发展过程中的行为变化未必因为父母做得不够好，而是孩子在特定阶段需要父母做出养育上的调整，以更好适应孩子的发展需求。这是降低育儿焦虑指数的重要视角。而本章节中许多实际的建议与技巧也会对父母们有所启发。

本书第三部分谈论的是二孩家庭中的常见挑战及应对策略。如果将本书作为工具书使用，这部分可以起到索引功能，在遇到具体问题时翻看阅读。令我在翻译过程中动容的是，这些问题所关注的领域是如此容易被忽略，对于孩子与家庭的成长又如此重要。例如，当二孩家庭中有一个孩子常年患病或有特殊需求，如何帮助其他孩子调节适应这个现实？妈妈如果不幸流产，要不要让其他孩子知道这个变化？孩子之间的年龄间隔如何影响他们的关系模式？两个孩子都上学后，在学校里总是被人比较怎么办？等等。正是因为对家庭和孩子细腻深沉的爱，才能使智慧之光照进这些地方。

读完整本书，读者会切实体验到为何"兄弟姐妹们最终是一份人生的重要礼物"。布教授的睿智、幽默与慈爱使这段旅程变得不再那么令人惶恐，而是令人体验到二孩家庭的珍贵与美好，"摸着石头过河"的体验便也多了几分趣味与憧憬。

严艺家

2018 年 3 月 4 日

原著前言

　　自从我的第一本书Touchpoints出版以来，我收到来自全国各地的父母以及专业人士的诸多问题和建议。最常见的育儿问题集中在哭泣、管教、睡眠、如厕训练、喂养、手足之争以及攻击性。他们建议我写几本短小精悍的实用手册，来帮助父母们处理这些养育孩子过程中的常见挑战。

　　在我多年的儿科从业生涯中，不同家庭都告诉我这些问题在孩子发展过程中的出现经常是可被预测的。在《布教授有办法》系列书中，我试图去讨论这些父母势必会面临的问题，而这些问题往往出现在孩子实现下一个飞跃式发展前的退行阶段。我们试图通过哭泣、管教、睡眠、如厕训练、喂养、手足之争和攻击性等议题的讨论，帮助父母们更好地理解孩子的行为。同时，每本书也提供了具体的建议，使父母们得以帮助孩子应对这些阶段性的挑战，并最终回归正轨。

　　《布教授有办法》系列书主要关注的是生命最初六年里所经历的挑战（尽管更大孩子的话题有时也有提及）。我邀请了医学博士乔舒亚·D.斯帕罗和我共同完成系列书的写作，并且加入了他作为儿童心理医生的观点。我们希望这些书可以成为父母们养育孩子的简明指南，可以用来陪伴孩子面对他们成长中的烦恼，或者帮助父母发现孩子那些令人喜悦的飞跃式发展的信号。

尽管兄弟姐妹之间的打闹、竞争、不愿分享等问题是普遍和意料之中的，但这些困难对于父母来说依旧压力重重。这类问题大部分都是暂时且不严重的，但如果没有支持与理解，它们会使整个家庭不知所措，并且严重影响孩子的发展。我们希望书中所提供的信息可以直接帮助处于不确定中的父母们，使他们能够重拾陪伴孩子成长过程中的兴奋与喜悦。

T. 贝里·布雷泽尔顿

目录

第三章　二孩关系中的常见挑战

在一次次竞争与冲突中，我们学会了分享与关照。

 第一章

二孩关系：
竞争、冲突与温情并存

　　某种程度上，二孩关系并不是父母能掌控的，但是父母是有选择的。

"你知道吗，我怀上老二了！"当妈妈们告诉我这个消息后，她们的眼泪也会随之喷涌。我问道："你担心自己会冷落老大吗？"她们会哭得更厉害，并且发誓她们绝不会那么做的。但当新的小生命到来时，她们意识到自己总会那样的，我也知道这一天总会来临。

埃里克·埃里克森（Erik Erikson）曾对我说："当父母需要分配精力时，没有人会觉得自己给予孩子的爱是足够的。当一个孩子需要妈妈时，她会感觉自己正在忽视另一个。然后，当两个孩子同时需要妈妈时，她会感觉自己没能力满足任何一个。"妈妈必须要保护婴儿，但当她这么做的时候，就势必需要让老大等一会儿。这种为了一个孩子而冷落另一个孩子所带来的感受是令人崩溃的。最开始的时候，父母会尽力去公平对待两个孩子，但他们也很快会开始担心如何对两个孩子保持绝对公平。父母们可能会想："我怎么能在同一时间站在两个孩子的不同立场上去看待问题呢？"他们会因为二宝之间不可避免的竞争而焦躁，并且他们可能并没有意识到孩子们会学着适应彼此，并且最终会学会如何与彼此共享父母。

在我们的主流文化中，相比重视孩子分享及同处一个屋檐下的能力，父母们更关注的是他们的个体需求。在一些家庭中，当父母更看重个人成就而不是家庭力量时，他们也会在二宝之间制造出更多的竞争。即便这样，父母还是会想要知道："我该如何做才能让孩子们之间不争宠呢？"即使在养育过程中他们看似把孩子的发展目标置于整个家庭的目标之上，父母们依旧会问："我该如何帮助孩子们让他们彼此关心呢？"当问及任何一个父母对于二孩关系的期待时，你都会听到他们说："我希望他们一辈子都能关心和照顾彼此。"即使在充满竞争的文化当中，父母相信孩子们会是"兄弟姐妹的看护者"；我们家的孩子们在遇到问题时会给彼此打电话，而不是首先给我们打电话，对此我们为他们感到骄傲。

我希望这本书能帮助父母达到这个重要的养育目标。在某种程度上，二孩关系并不是父母所能掌控的。但是父母们是有选择的，无论这样的选择是好是坏，它们都会出现在对每个孩子做出回应时，也会出现在调解那些会对孩子们互相之间的关系造成影响的纷争时。父母们的这些选择会带来丰富而有价值的契机，使孩子负面或正面的行为成为了解彼此以及学习和彼此共存的好机会。当父母能够避免在多个孩子当中站队某一方，以及控制住拉拢一个孩子来抵抗另一个孩子的诱惑时，父母就有机会在兄弟姐妹间建立更深厚的关系。父母也需要知道：每个孩子必须经过学习才能了解他人是如何思考的，以及如何使自己可以被别人所理解。

当我在拍摄一部关于儿童发展的影片时，有位妈妈带来她五个月大的宝宝进行"表演"。小宝宝会因为一些逗引而大笑，会举起一只手，能坐着并且还想爬。她真是太神奇了。我问："她怎么会学了那么多？"妈妈指了指小宝宝的六岁哥哥，他正在房间的另一头对小宝宝示范我们的各种指令。当哥哥那么做时，小宝宝几乎是非常精确地在模仿他。每次当她有所表现时，哥哥就会露出笑容并对她招手。对小宝宝而言，哥哥的认可简直就是最好的奖赏。

在这些学习过程中也会充满竞争的情感，但学习与他人共同生活无疑是更大的目标。父母们可能会觉得当另一个孩子到来时，他们冷落了老大，但每个兄弟姐妹对彼此而言都是一份礼物。

在游戏与竞争中互相学习

有兄弟姐妹的孩子会更有优势吗？我觉得是的。在20世纪80年代，我被联合国教科文组织派往北京，同行的是儿童发展研究组织的成员们，我们在那里对独生子女家庭开展了研究。我们比较了分别来自独生子女家庭和二胎家庭的四五岁孩子们，对这些幼儿园阶段的孩子们在以下项目进行了评分：

① 他们能自如地分享玩具吗？
② 他们首先考虑他人还是自己？
③ 其他孩子喜欢他们吗？
④ 在游戏中他们会显得以自我为中心吗？

独生子女家庭的孩子在这些项目上的得分都相对较低。这些独生子女都是在六个成年人的呵护下长大（父母及双方祖父母）并且家中没有其他孩子，他们并没有学习过如何与他人分享，也不会享受把东西给予他人的快乐。当然，如果父母对此有所觉察并且付出额外努力的话，分享与给予的品质依然可以在独生子女身上呈现出来。如果父母能看到孩子有与其他孩子相处的需求，并且帮助孩子学习如何去分享一些东西，那么独生子女的身份也会带来诸多好处，例如独生子女通常更确定自己在家庭中的位置。

而当一个家庭有不止一个孩子时，孩子们就必须学习如何进行分享。兄弟姐妹之间会互相学习了解彼此的需求，并且在自己的需求与他人的需求之间寻找到平衡点。在令人疲倦的一轮轮争吵中，他们教会彼此如何谈判与妥协，以及如何在做决定时考虑他人。每个父母也都希望孩子们彼此之间能学会如何照顾彼此。独生子女则可以通过表亲或其他亲近的朋友来获得这些体验。

在兄弟姐妹们向彼此学习并且适应彼此的过程中，竞争与关爱如同一枚硬币的正反两面，当一面有所发展时，另一面也会有所进步。我将手足竞争视作孩子们互相了解的重要途径："我的行为边界在哪里？她的行为边界又在哪里？我可以对她施加多大的压力？当她彻底崩溃时会发生什么？当她崇拜我或对我暴怒时分别会带来怎样的体验？"

你可以试着观察小孩子是如何对其哥哥姐姐的行为作出巨大努力的。她❶会不断地观察、观察，再观察，然后她会模仿他的每个动作，连顺序都是一样的——并且在同一时间完成所有动作，而这是令人印象深刻的壮举！如果你能够进入到她的意识之中，也许会看到在她把这些动作都完成前，

---

❶　在本章及后面的章节中，我们将会把弟弟妹妹统称为"她"，而把哥哥姐姐统称为"他"，除非是在一些讨论性别差异的部分。

大脑已经记录下了所有顺序。在更常见的行为学习模式中，如果没有哥哥姐姐做示范，那么同一个孩子更有可能会拆分开这一序列中的所有动作，逐步进行操练，然后在单独掌握每一步的时候再把它们组合在一起，这样的过程显然是需要付出更多代价的。然而相应地，小孩子可以通过模仿与认同哥哥姐姐来进行整块的学习。想象一下这种学习方式所需要的专注投入程度吧！较小的孩子几乎是全盘吸收了较大孩子的一部分。想想可以向哥哥姐姐学习可以带来什么样的优势，作为亲人她知道什么会让他接受，什么会让他不爽。即使不表现出这些，她也会内化他的风格与快乐，使之成为自己的一部分。

在经历一段强烈的崇拜与模仿之后，较小的孩子可能会有"受够了"的感觉，她可能会变得不知所措与疲劳，那时她会怎么做呢？她可能会引发一些小规模的纷争，比如推倒他的积木塔，打断他的游戏，爬到他的膝盖上，不让他看到玩具……当她知道自己无法模仿他的一些行为时会用各种机灵的手段去搞破坏，并把他的注意力重新引回到自己身上。

她有可能会情绪崩溃，在那之前会试图让他从自己的玩耍中抽离出来并且照顾她一下。当然，他的反应通常是抗拒的并且会对她发火。父母听到她的哭闹会急忙赶来保护她，并且指责老大在嫉妒或者对妹妹漠不关心！这是手足之争的经典案例，在这样一个过程中既能看到竞争，也能看到学习。

那么老大学到了什么呢？当他在玩耍时，他会意识到妹妹的学习兴趣。获得妹妹狂热的关注使他感到满足，他也会小心地调整自己的行为到一个较低的水准，以使妹妹得以模仿。当她在模仿的时候，他会使自己的动作变得更复杂，并且慢慢引导她提升至更高的水准。每次当他加入更多步骤时，他都会留意观察她可以在多大程度上进行跟随。当他在学着照料、教授和引领她的时候，他会为自己感到骄傲。然而当他把她带到一个无法收拾的局面时，她就崩溃了，他显然还不了解她的边界在哪里，或者并非如此？

她的挑衅与崩溃对他的困扰可能并不如她无法跟上他的脚步所带来的失望感。在体验到这种失望感的时候，他就会以失控的方式对她做出反应。与此同时，从她对哥哥姐姐的频繁认同中，他也在学习如何适应她的差异。然而兄弟姐妹互动中的哭嚎与打闹也会使父母们忽视了在这个过程中发生的"学习"。对孩子而言亦是如此，竞争的感觉可能会掩盖其他一些关于彼此的强烈情感。

觉察自身童年阴影，才能恰当应对二宝冲突

兄弟姐妹之间的竞争很有可能会唤起父母内心的一些陈年体验，通常是一些非常强烈的感受。当他们在养育多个孩子时，势必会经历童年再现的过程。儿童心理学家塞尔玛·弗雷伯格将这些体验称为"婴儿室里的幽灵"。当父母们能够意识到过去的回忆在多大程度上会影响到自己对孩子们的反应时，他们就会发现自己能更好地做出回应。

"我的哥哥对我一直很刻薄。"有一位妈妈回忆到，她在自己的大儿子对妹妹纠缠不休时反应过度，这是她自己的解释。相比过去的积极体验，那些带有创伤的回忆通常更容易被记

住。因此，父母们也往往会在面对孩子们所经历的纷争时忽略了其中的积极面。毫无疑问的是，他们会因较小孩子求助的哭声以及较大孩子的失控行为而变得不理性。但与此同时，他们也可能忽略了较大孩子们在这些冲突背后所呈现出的温柔与关爱，相反父母很可能会回忆起自己的童年："我哥哥看上去像是照顾我的，但他后来就冷落了我并且对我的难过悲伤坐视不管。"然而父母与自己兄弟姐妹的积极体验可视为指南。如果我们同时能把这些不同的部分都与家人进行分享，也许你会对自己的偏见有更多的觉察。

二宝带给家庭的挑战性比很多父母所承认的还要大，那不仅仅是把一个新的灵魂带入平衡被打破的家庭中，而是会对所有原来的关系产生扰动，并且需要建立起全新的、更为复杂的平等。二宝的发育水平与大宝并不在同一阶段，并且也许和你们已经适应的大宝气质截然不同。拥有两个孩子比1+1=2的过程要复杂得多！

当兄弟姐妹们因为彼此而哭闹时，父母们可能会想要保护婴儿，但与此同时又感觉自己忽略了老大。他们的反应可能是试图变得公平一点，会试着去梳理事情的发展，厘清较小的孩子不高兴的原因。但父母们是永远无法精确还原事情的原貌的。当他们的回应里包括对于较大孩子的忽略或指责其"刻薄"时，他们也会很痛苦地意识到自己无法做到绝对公平。

父母们可以从这些感觉中学到些什么吗？父母是否能意识到自己无法全然了解手足之争的缘起，也无法知悉到底谁是错的和谁是无辜的。通常，孩子可能既是无辜的也是有过错的。父母需要安抚孩子们的失望，因为他们会失望于彼此并没有能够真正了解对方，以及快乐的玩耍戛然而止，并且取而代之的是哭闹与尖叫。

父母可以让孩子们分别坐在自己的腿上，然后告诉他们："你们对彼此真的很在乎，你们很努力地在学习了解彼此，当然，当你们做不到时也真的非常痛苦。我能理解这些，你们可以相互理解吗？当你们停止打架的时候，你们可以再次和彼此玩耍。或者你也可以离开彼此选择独自玩耍，这是你们的决定。"当然，在情绪激烈的当下，要说出上面这番话并不是件容易的事情。

为了处理这样的危机，父母们需要做到以下几点：

① 安抚好孩子们的感受；

② 把打架的孩子们叫到一起；

③ 坐下聊一聊；

④ 鼓励孩子们停止指责彼此，以及在学习如何相

处的问题上肩负起属于自己的责任。

这样的做法并非一夜之间就能学会的，但可以将其作为一个目标。在这个过程中，父母和孩子都在学习如何才是真正的"一家人"。

虽为同母生，气质各不同

当兄弟姐妹们学着和彼此相处时，他们将必须面对彼此气质上的差异。举例来说，从表面来看，一个安静敏感的孩子可能并不会对她哥哥那种粗野的嘲弄有所反应，她看起来似乎像

是等待被攻击的样子。由于她的行为太过顺从，以至于旁观者会想要告诉她："别让他这么利用你！"她的关注焦点似乎是向内的，她的呼吸节奏会改变，但并不会有所行动。当他进一步对她进行各种欺负时，她会注视着他，她倾听着周围所发生的但看起来并没有反应。为了避免成为他的目标，她早已学会了尽可能让自己保持安静。当她哥哥的行为变得愈加激烈时，她可能反而会变得更安静、更警觉。当他在整个房间里横冲直撞时，她唯一的动作就是让自己挡在他的必经之路上。他们撞到了一起，但她只会默默啜泣，她的身体是无力而缺乏回应的。父母的反应可能是迅速冲过去安抚她，而她的哥哥则会站在一旁，被内疚与痛苦所笼罩着。

久而久之，年龄较小的孩子甚至会代入"受害者"这样的角色设定中。在学校里，其他孩子会开始对她的被动退缩有所反应，她可能会成为霸凌的受害者，或者最终成为被孤立的那个人。父母们会希望她可以做出更开放的回应并反击回去。但此类孩子的风格就是"安静的观察者"与"顺服"。

如果第一个孩子格外活跃，父母们可能会对老二抱有这样的疑问："你觉得她是不是知道我无法忍受另一个像老大一样的孩子？"如果父母们感觉自己要对她的温和气质负责，那么他们也许会想要改变她。但只有当父母确定她知道自己本来的样子能够被接纳时，对其个性的再塑造才有可能取得更好的效果。这样父母们就可以更仔细地观察自己是否具有无意识地鼓励和强化她被动面的倾向，并且为她留出更多空间来争取她自己的权益。

没有谁是完全的弱者

如同有魔力一般，孩子们经常会填补着家庭中的某些"空缺"，他们所扮演的角色与彼此不同，仿佛"有人需要"他们去扮演那些特别的角色似的。如果一个孩子的气质比较安静，而其兄弟姐妹的个性咄咄逼人，那么这个孩子可能会扮演一个更为退缩回避的角色。

当父母观察到类似现象时，可以将其视作孩子们在互相了解对方与彼此的气质。如果一个孩子比较被动，可能一部分是因为受到其先天气质的影响，包括对于声音、触觉或人际交往的敏感度。但父母们也需要意识到他们的反应有可能会强化孩子们在这些性格缺位中的行为。

通过暗中观察两个孩子，父母们可以了解到许多。让许多父母惊讶的是，年龄较大的相对粗暴的哥哥在欺负妹妹之余也有可能会很喜欢和她安安静静地玩耍。当他们一起坐在地板上时，哥哥可能会放慢自己的动作，为妹妹搭起一座积木塔，看着她睁大眼睛并散发出惊奇的目光。一个安静谨慎的孩子也有可能用自己的方式让活跃的孩子学会新的相处方式。

可爱的妹妹也有可能会了解到，当自己呼唤哥哥时，哥哥可能会过来。当他们即将发生争执时，她自己的一句话有可能可以避免冲突。她会慢慢意识到自己能哄着哥哥并且经常赢得想要的东西。父母观察到孩子们会把这些动人的瞬间留给他们和彼此独处的时候。在没有他人搅和的前提下，每个孩子都能拓宽自己的性格设定。

可以设想一下，孩子们在适应彼此气质的过程中可以学习到多少东西。他们能够学习如何去分享、去给予、去安慰、去关怀。他们也都会体验到这样的人际交往方式所带来的更深层次的满足感。

在冲突中学习互相照顾

当父母一方就在旁边时，兄弟姐妹之间的冲突更有可能会加剧。当父母不在场的情况下，兄弟姐妹之间的冲突几乎不太会严重到伤害彼此——我想伤害彼此的情况应该是有的，但我觉得是罕见的。手足之争的主要目标之一就是让父母卷入其中。当兄弟姐妹们无意识地想让父母卷入冲突中时，他们一方面会对此感到越发兴奋，另一方面也是为了确保父母能在场以防止事态失控而发生危险。当父母在场时，孩子仿佛能够确信边界的存在，并且知道冲突可以发展到怎样的局面。有时候，这几乎就像父母在周围时孩子们"设计"冲突来卷入父母，以确保自己在失控时有人能出手制止他们。

明智的父母会将兄弟姐妹之间的冲突视作学习的契机。但首先，你需要处理自己内心的那些愤怒以及基于保护欲而做出的反应。然后，你可以把孩子们都叫来，和他们一起坐下来聊聊。你们需要一起平静面对所发生的事情，并且尽可能少指责。对比较活跃的大孩子，你也许可以说："你那样有可能会伤害到她，如果真的发生了，我很怀疑你会对此感觉良好。"对安静但挑拨起冲突的小孩子，你可以说："你的嘲弄让他感到生气，也许这是为什么他会追着你的原因。"然后对双方说："你们需要自己来解决这些事情，但在你们还没能力停止伤害彼此之前，我必须要对你们喊停。当你们感觉可以和彼此再次玩要的时候告诉我一下，不可以再打彼此！"你让他们有机会去学习照顾彼此，而这是一个长期的育儿目标。

第二章

读懂二孩心理，
只要抓住发展关键点

二宝的到来让每件事情都会变得不同，我们一起来面对。

读懂二孩心理

触点是指孩子在发育过程中会发生行为退行，以积聚能量为下个阶段的发展做准备的一些特定阶段。在这些短暂的退行期中，父母和其他兄弟姐妹会不由自主地对这个孩子令人担忧的行为作出反应。当一个孩子的行为发生退行时，整个家庭都有可能会体验到崩溃。之所以把这些阶段叫作"触点"，是因为我发现如果我在这样的阶段"触碰"到这个家庭的亲子关系体系，就可以帮助他们回归正轨。每个触点都会对发展中的兄弟姐妹关系造成压力，但也是让每个成员更了解彼此的契机，并且更关心彼此。在本章中，我们会来谈谈那些让兄弟姐妹之间了解彼此的契机，并且探索在他们成长过程中如何与彼此更好地相处。

当一个孩子面对另一个孩子新的技能或恐惧时都会经受挑战，面对他自己的这些部分亦是如此。这些触点是不可避免的，也是一个孩子理想的成长过程中必经的健康阶段。为了更清晰地表达这些挑战与机遇，我们会逐一描述一个哥哥和一个妹妹成长过程中的触点，他们之间的年龄差距大约为3岁。本章每个标题都是用来表述妹妹在不同触点发生时的年纪。我们也会尽量谈到这些触点的发生对不同性别的孩子会造成哪些不同的影响，或者当两个孩子的年龄差距更大或更小时会发生什么。

产 前

第二次怀孕既是令人兴奋的，也是令人担忧的。父母们会自问："再次怀孕是个正确的选择吗？这会对老大产生怎样的影响？我能够养育两个孩子吗？我怎样才能给予另一个孩子同样多的爱？"当二宝之争真的出现时，他们势必会觉得自己对此负有责任，也会对此感到内疚。

渐渐地，父母们会发现他们并不需要分配自己的爱，因为他们本身就会以不同的方式去爱每个孩子。但父母要直到二宝降临才会真正意识到这点，在那之前，他们可能会感觉自己要努力避免对新来的小生命发展出依恋，而是对已经存在的老大给予更多的关注。父母们对于"冷落"老大的恐惧是显而易见的。

当老大对即将到来的新生命表现出负面反应，所有父母都会希望自己能解决这些问题："我们怎样才能使他想要一个弟弟或者妹妹？"这样的产前压力会使老大感觉自己本来的样子无法被接纳，并且进一步思考自己是不是真的应该被代替。当然，他也会意识到自己既想要也不想要一个弟弟或妹妹。

如果老大已经上幼儿园了，父母也会担心："老师会保护老大度过这样一个剧变期吗？"如果老大尚未去幼儿园，那么在这个阶段开始上幼儿园的话对他而言就会更加困难一些。在这样的担心背后，还交织着父母们对于再次怀孕的矛盾心情。这些情感在第二次怀孕时格外强烈。要把新到来的小宝宝看成是家庭成员共同的"礼物"是有难度的。

但当小宝宝来临时，父母并不需要觉得保护老大免于经受这些感觉（愤怒、嫉妒等）是他们必须要承担的角色。所有这些感觉都是不可避免的，孩子并不仅仅会在弟弟妹妹来临时体验到这些情感，这几乎是贯穿每个人一生的情感。在适应弟弟妹妹的过程中，孩子有机会去了解这些情感以及如何与这些情感共处，而父母起到的作用是帮助。

在后面的历次怀孕中，我觉得妻子和我一直在期待好运可以延续：我们已经有了一个完美的孩子，下一个如何才能像她一样优秀？如果这个即将到来的孩子无法达到这样的水准，我们该如何养育两个生来就不平等的孩子？所有在第一次怀孕时所经历的恐惧都会再次出现，但又新增加了一个在初次怀孕时从不会考虑的维度："如果这个孩子先天有问题，这对老大而言意味着什么？我怎能让老大去承受这些风险？"

在帮助老大处理他对新来的小宝宝的反应之前，父母们首先需要面对自己内心的诸多疑问。父母们势必会回想起那些自己的爸爸妈妈无法分出足够精力陪伴他们的童年瞬间，特别是当另一个孩子降临时，父母需要分配大量精力去逗哄和安抚小婴儿，而他们则会被"忽略"。这种对于老大在情感层面的认同可以帮助父母们去更好地理解他。当然，即使你允许老大对于新到来的小宝宝表达各种负面感受，即使你主动告诉他这是个巨大的错误或噩梦，也不会让事态有任何良好发展。

妈妈怀孕的消息要第一时间告诉大宝

永远不要隐瞒他。当你知道已经怀上小宝宝，就可以在家中公开讨论这件事情。这些讨论只是告知一个小宝宝将会降临到家庭，但不要过于渲染，对于这个过程神奇程度的过多讨论会让老大对妈妈肚子里的"东西"产生更多竞争的感觉。

有一对父母告诉我，他们对即将诞生的宝宝讨论过多，以至于老大在妈妈怀孕到第7个月时就对这些话题感到厌倦了，他厌倦于如此长时间的预备期。而用一种接纳的方式谈论即将到来的小宝宝和兴奋地让老大为这一大事件做准备是完全不同的。父母们可以明确表示整个家庭会"一起面对"，而不是夸张地对老大说："每件事情都会变得不同，而你会需要做出巨大的改变。"

在你们刚知道再次怀孕的时候，孩子很可能也意识到了。在孕早期，妈妈的情绪会发生变化。父母双方都会呈现出如梦游般疏远或充满压力的状态。即使当妈妈的肚子真的隆起之前，她也可能会意识到坐到地板上玩耍时已经和过去有所不同，而这些细微的变化都能被小孩子觉察到。

我记得一个名叫莱斯利的孩子。当莱斯利来到我的办公室进行体检时正好两岁半。他是个黑人小男孩，长得俊秀，满头卷发——一个被父母深爱着的可爱孩子。在我的办公室里，每当他弯下腰或者坐到地板上时，他都会发出一声轻柔的叹息。我当时想他是不是有腹痛或关节痛，因此更为仔细地检查了他的腹部，但并无异样。我还检查了他的臀部与腿，没有问题。我观察了他走路的样子，非常完美，可以说是优雅。我继续观察他，但他的每一次叹息都让我更加警觉和焦虑。并没有什么异样的生理指征出现。最后我突然问他妈妈："你是不是怀孕了？"她很确定地告诉我："并没有啊。"过了几天，这位妈妈打电话给我："我的确怀孕了！但我刚刚怀孕八周而已，你怎么会比我知道的还要早呢？"我很快地回答她："我其实真的不知道。但莱斯利是知道的。"莱斯利知道妈妈变了，尽管连妈妈自己都没意识到怀孕这件事情。

父母需要做的工作是去命名孩子所体验到的变化，并且对孩子而言使之逐步变得真实。你也许可以告诉他："爸爸妈妈和你会有一个小宝宝，你可以帮着我们一起照顾宝宝，你将要做大哥哥了。"然后倾听，不要喋喋不休地和他谈论小宝宝的事情。等待他提出各种问题，而这些问题是会出现的。

当他经过一台婴儿手推车时，观察他眼神与行为的变化。如果你可以耐心而安静地待在一旁，他可能会说："就像这样吗？"

"嗯。"

"我到时候可以帮你推推车吗？"

"当然了，你会是我最好的小帮手。"

他已经在学习如何给予，而你也在帮助他感受给予所带来的回报，这当然是拥有兄弟姐妹的经历中所能学到的最重要的东西之一。

考虑到孕期有可能发生意外，我们是不是要保密尽可能长的时间？

我并不那么认为。如果你不幸失去了宝宝，老大也会意识到有些事情发生了。你无法也无需隐藏你的悲伤。如果老大不得不独自猜测为什么你的表情和眼神看上去如此不同，为什么你的行动变得缓慢沉重，为什么你变得如此沉默，这样带给他的困扰会更大。他并不会对你所失去的东西感到同样的悲伤，他也许会试着来安抚你。当你可以和他分享你的痛苦时，他也会学着如何与他人分享感受，包括在未来与他的兄弟姐妹分享感受（参见第三章的"妈妈流产"）。

如何向大宝解释妈妈肚子里面发生了什么

当妈妈的肚子逐渐变大，行动变得不那么敏捷的时候，可能会想让老大感受一下胎动。我们曾经一起体验过胎动，我的妻子会躺在沙发上，屈膝，然后三个女儿和我会把手放在她肚子上，感受即将出生的小弟弟的活动。

直到孕期结束，我们都会用我的听诊器去听胎儿的心跳声（胎儿的心跳并不是那么容易找到的，如果想邀请孩子们来听的话父母最好先自己找到它）。当他们监测到那种节律时，他们会拍手制造出一个大大的声音，婴儿的心跳会随之变化。或者我们关掉所有的灯，然后突然又把它们打开，胎儿的心跳也会随之做出反应。见证了这些胎儿行为的父母可以将此视作是吵吵闹闹的兄弟姐妹生活的预演。姐姐可能会咯咯笑着大声说："他看见了！他听见了！"当胎儿活动的时候，他们会感到狂喜。在婴儿出生以前，我们已经在分享这种与人相处的体验。

如果老大的好朋友家中也有婴儿，这个好朋友也许可以让他看到一些关于新生儿的现实状况。在保持低调的前提下，这些都可以视作预演和操练的机会。

妈妈怀孕时，学步期的大宝会有何反应

在妈妈孕晚期，处于学步期的老大们纷纷开始大步走路，膝盖弯曲，肚皮凸起，仿佛他们也是在认同妈妈怀孕的模样。通过吃东西来使自己"看上去像发胖的妈妈"，甚至屏住大便等，这些都是孩子试图模仿妈妈的信号。这些反应与模仿都是孩子试图理解家庭中即将发生的变化所采取的方式。通过认同妈妈的样子，比如她鼓起的"胃部"与奇怪的走路姿势，孩子已经在面对另一个生命闯入家庭中的现实，并且做好准备去面

对新的角色与新的关系。

与此同时，每个人都开始讨论即将发生的变化。当然，老大们总是会提出自己的一些问题："什么时候？""为什么？难道我不够好吗？""他会像我一样吗？谁会照顾我？"所有这些问题都需要答案。当你回答这些问题的时候，你是在表达关心，并且帮助你的孩子"成为哥哥"。但超过他接受能力的信息并不会有任何帮助。应试着把回答调整到他能够理解的水平［关于这点可参考布雷泽尔顿与斯帕罗所著《触点：如何教养3～6岁的孩子》(Touchpoints Three to Six)］。你面对这些问题的态度与方式本身比回答本身要来得重要。你的回应姿态本身才是最重要的。这是一个父母双方分别开始和老大计划常规"约会"的好时机。你可以整周都这么说："你和我在这周晚些时候会有共同相处的时间，你可以问所有你心里的问题，并且只有我们两个在一起。你现在是我的大男孩了，也一直是我最爱的人。"

在这些"约会"的过程中，你的孩子可能会问："小宝宝是怎么到你肚子里的？"这是一个需要准备好才能回答的问题。我们建议你如实回答，简化信息，以使之适应孩子的年龄及理解能力。也许你会用送子鸟之类的传说或者魔法打发孩子，但孩子可能会从滔滔不绝的同龄人那里了解到截然不同的信息，那样的话，你会成为孩子心目中那个无法信任的权威。

为什么不能简单表述说："爸爸把他的阴茎（确保你孩子知道那是什么）放入妈妈的阴道（你孩子也需要知道那是什么），小种子会从爸爸的阴茎里跑出来，并且在妈妈的阴道里形成一个会变成小宝宝的蛋（其实应该是子宫，但此刻可以简化一点）！"通常，非常小的孩子会困惑地摇摇头，而稍大的孩子会表示难以相信。到了五六岁的时候，他们很可能会对此觉得恶心。有个六岁孩子大声说道："如果爸爸小便的话怎么办呢？"

你可能会觉得不自在，但难道你想让孩子和一知半解的同伴而不是你一起面对这些吗？对于他们还没准备好或并不理解的词汇孩子们并不会表达过多的关注。你可以观察孩子的表情，在他显然听得够多了的时候停下来。你的主要目的是让他看见你愿意回答问题的意愿。

分娩前后，如何与大宝相处

当分娩临近时，全家一起讨论一下去医院帮助婴儿"出来"的过程。让孩子确切了解谁会在家里陪他，以及谁会带着他去医院见妈妈和新宝宝。你甚至可以提前开车经过医院让孩子看看妈妈将会在哪里分娩。这是一个让爸爸或祖父母告诉老大自己会陪着他的好时机。作为爸爸，对我而言最满足的经历之一就是有机会可以全然照料我的女儿们，并且只有我一个人陪着她们！如果是一个不那么熟悉的看护者陪伴孩子，那么需要让他提前认识一下这位看护者，千万别让他感觉自己被转交给了一个完全陌生的人——面对新生宝宝，老大在幻想中始终是有类似的恐惧的。

孕期快结束时，要做好准备去面对老大和整个家庭逐渐呈现出的躁动。大发雷霆、哀号哭闹、夜醒、拒食和尿床都是意料之中的事。当孩子在强烈的预期中出现各种困惑时，以及当他意识到你越来越脆弱时，这些现象都会加剧。你自己可能会觉得精疲力尽，但请记住，孩子是在努力调节自己。当下他越是能够表达内心的压力，日后就越容易适应。他也可能开始变得很黏人，仿佛是在避免即将发生的分离。当然，那也会触动到你的内心深处，他会察觉到你不得不离开他的忧伤，他也一定会唤起你各种内疚的感觉。

当产程启动而你必须前往医院时，一定要和老大说再见。

虽然趁他不注意或睡着的时候偷偷走掉看起来更容易些，但这会使他更加恐惧。这时应再次告诉他你会在医院里待上几天，提醒他想你的时候可以打电话，并且来看望你；再次向他强调这段时间谁会陪伴他，告诉他你大概何时会返回家中，并在日历上向他说明你回家的时间。所有这些心理准备都能让他有一个清晰可见的安排和预期。妈妈甚至可以录制一段视频，为孩子念诵他最喜爱的睡前故事。爸爸或祖父母可以在妈妈离开的夜晚陪伴孩子玩耍，这些方式都可以让孩子免于经历最深刻的恐惧——妈妈离开他"去生宝宝了"。这样的恐惧对年幼的孩子而言是情理之中的，但父母们可以提供帮助去减轻这些感受。

二宝可以用大宝的婴儿床吗

当父母们在等待二宝降临时，他们通常会试图把大宝的婴儿床给新生儿去使用。记住不要那么做。如果大宝在妈妈怀下一胎时依旧睡在自己的婴儿床里，不要逼他搬走，除非你不得不那么做（例如，如果对婴儿床来说他的体重过重了，或者他已有足够的能力翻出婴儿床并因此有可能产生潜在受伤风险）。他已经感觉到自己被代替了，当婴儿真的降临时，这种感觉可能会更强烈。相应地，你可以为婴儿准备另一张婴儿床，并且等待大宝真的为自己成为了大哥哥而感到骄傲。也许你在他自己准备好之前就已经那么看待他了，但你依旧需要等待他自己准备好。

对他有过高或过急的要求都可能会导致各种退行。在睡眠安排这件事情上，并不心甘情愿的调整很可能导致尿床这一情理之中的结果。一张普通的床会让孩子感觉"太大了"，并且他可能会怀念那些带来安全感的围栏，仿佛它们在说："这是属于你的地方。"如果没有了这些围栏，孩子也可能会以另一种形式退行——他可能会在半夜醒来，在半梦半醒中游离出自己"大男孩的床"，然后看看自己是不是能和你有一些特别的独处时间。

新生儿

尽管你可能就婴儿的样子给大宝做了一遍又一遍的心理准备，他依旧很有可能想象那会是一个新的玩伴——和他差不多年龄的，而不是一个迷你的、柔弱的、红脸尖叫的或者被一团小毯子包着的一直在睡觉的"东西"。父母需要做好心理准备面对较大孩子内心的失望，虽然这对父母而言也是不易面对的，毕竟你们刚经过那么多的波折，自己非常兴奋，同时已经筋疲力尽。

如何应对大宝初见二宝时"过山车"般的情绪反应

老大可能会飞奔向婴儿篮，或者几乎不敢去接近她。但不管是哪种状态，当他来到医院看望你们时，不要期待他对婴儿有长时间的兴趣。很快他会失去兴趣，并且要求你和他进行互动。在这些最初的时刻，试着让他成为你关注的焦点。如果分娩之前你和老大有给肚子里的宝宝唱歌和讲话的习惯，你可以邀请他唱歌或讲话，看看眼前这个终于到来的新生儿的反应："看她是如何转向你的声音的，她记得自己在妈妈肚子里时你讲的话。现在，你是她的大哥哥了。"

如果你要给她喂奶或换尿布，可以让大宝帮助你。你可以寻找一些能够让他安全提供帮助的小事情。他可能对递一张尿片或拿一个奶瓶都感到非常骄傲。如果你给二宝母乳喂养时大宝正在旁边，做好心理准备，他有可能会想要自己试试。他当然是无法做到的，并且也会很快失去兴趣，但他会珍惜妈妈的怀抱："你现在是我们的大男孩了，你真特别。"

当在医院里和新生儿待在一起时，老大可能很安静，也可能不知所措，也有可能感到害怕或失去控制。如果他不知所措，做好心理准备，他可能会忽视你并且回避，仿佛你试图和他沟通的方式是令他痛苦的。或者，他也有可能兴奋或过度活跃，如果房间里有其他人在，他可能会炫耀些什么。当然，他也可能突然崩溃并大发雷霆。

如果他想忽视新生儿或对你表示愤怒，你无需对此感到惊讶，不要觉得他那些拒绝的行为是针对你个人的。试着帮助他度过这一阶段，这样他会回归到和你的亲密关系中。可以邀请他过来和你拥抱一会儿，或者告诉他你有多想他。如果他崩溃了，安抚他，帮助他平复自己。他需要你的帮助去理解自己的种种反应："当妈妈必须去医院的时候是令人害怕的，现在所有人都在叽叽喳喳说关于这个小婴儿的事情。"

妈妈与二宝"坠入爱河"，大宝会有哪些反应

此刻，你和新生儿正"坠入爱河"，你早期那些担心"冷落"老大的念头迅速让位给了这些新的感受。新生儿太容易赢得人心了，她的依赖都如此令人感到甜蜜。不过，任何有了二胎的新手父母都会担心老大是否能适应。与老大的分离——说不定是第一次——会在你们和他之间制造出紧张的气氛。

作为父母，你可能会很惊讶地意识到自己对新生儿的迷恋，并且对老大没有准备好肩负起大孩子的角色而感到失望。事实上，他很可能会出现行为上的倒退，比如更多的烦躁、入睡与分离困难，以及过去有过的一些行为纷纷出现。记住，这些暂时的退行可以帮助他做好准备去承担自己的新角色——"大哥哥"。

但现在还不是时候去期待他有成熟的反应，甚至无需有这样的愿望。因为还没有到时候。他已经察觉到了小宝宝诞生与分娩所带来的冲击，以及他和你关系的变化。你为了生孩子而离开家已经使他清晰意识到分离了。他现在知道小宝宝拿走了他过去在家中的角色，而他是否已经开始试图了解自己在家中需要扮演的新角色呢？

从医院回家后，妈妈如何帮大宝更快适应

当你返回家中时，我建议你准备一个全新而特别的玩具送给老大，最好是一个他自己的"婴儿"。这样当你在给自己的婴儿喂奶和换尿布时，他也可以给自己的那个"婴儿"这么做（也许你可以在婴儿出生前就买好，但要到所有人都回家时再给他）。如果他对卡车更感兴趣，你也可以给他一辆卡车让

他去加油、洗车和"照顾"，与此同时你可以照顾自己的婴儿。这是让老大模仿你照料他人的好机会。

关于他能在多大程度上照料小婴儿，不要害怕去制定界限。当他对妹妹的情绪开始浮出水面时，这些界限可以让他感到安全。如果他想"像你一样"抱着她，让他坐在一张椅子里，你需要站在他的身旁。然后他可以学着把手托在妹妹的脖子和头颅下面来保护她，也可以学着搂抱她或试着给她喂水。他也可以开始学习如何帮她换尿布，并且如何一边换一边和她说话。当你在旁边的时候，他可以学习如何"做个大哥哥"。

如果老大很快失去了做大哥哥的兴趣，不用惊讶，也别小题大做。虽然他经常会为自己的新角色感到骄傲，但这也是他的一个负担。相应地，做好他可能会想要再次成为你的小宝宝的心理准备，要允许他那么做。

如何帮助老大适应新生儿

· 让老大知道你有多么想念他。

· 让他知道婴儿是家庭的新成员而不是个替代品：

"你现在有个全新的小妹妹了，但你依旧是独一无二的！"

· 紧紧拥抱他，回忆你们共同分享的故事，并且提醒他你们会再次与彼此分享的。

· 对他回归旧有行为的需求表示理解并做好心理准备，尽管你可能觉得那些行为早就在他长大的过程中消失了。记住不要在此刻对他有过高的期待。

· 如果他的行为使得你必须管教他，记住当新生儿来临时，边界会让他感觉格外安全。清晰的界限对他而言意味着："爸爸妈妈并没有变，依旧很爱我，并且会在我需要的时候阻止我。"

· 不要催促他去成为"那么棒的大哥哥"，这个角色并不总是那么吸引人的。当他自己为这个新角色寻找到更多动力时，它才具有更多意义。

· 提醒自己注意那些希望他一夜长大的愿望！他会长大的，但要等他准备好的时候。弟弟妹妹已经给他足够大的压力了。

很多试图了解如何成为哥哥姐姐的孩子开始对小狗小猫变得残忍。这时父母需要温柔而坚定地制止孩子，并且让他知道这是不被允许的。让他知道愤怒是情理之中的，即使这样，也不能把情绪发泄在宠物身上。这样的沟通能让父母帮助孩子处理情绪。如果孩子把这些情绪彻底压抑了，并不会有任何好处。

老大很可能会觉得新宝宝代替他是因为自己"不够好"，甚至是"坏的"。一个三四岁的孩子会经常通过恶作剧来使你生气，并且在他的想象中，你会想找人替代他。他很可能会觉得如果自己能满足你的所有期待，你可能就不需要一个新的小宝宝了。

老大，比如六七岁甚至更大，则更可能忽略新生儿和你。他甚至有可能如同失踪了一般，因为他会和朋友们待更长的时间，或者闲逛于学校和家之间。当你希望他成为你共同了解宝宝的小伙伴时，他似乎更想回避你，这对你也是一种惩罚。对老大来说，和你有时间独处以及你能够倾听和回答问题的意愿是更重要的。

1 个月

新生儿的需求会渐渐变多，比如更频繁的喂奶、黄昏哭闹，然而妈妈的能量还没有完全恢复。妈妈很可能从一开始就会抑郁，或几周后才体验到。无论妈妈是否抑郁，老大都会察觉到她的疲劳，因此他的需求也会变多，仿佛他必须通过试探以确认妈妈是会恢复的，并且无论多疲劳妈妈也会照顾他。嘲弄与试探、拒绝入睡或与小宝宝同步夜醒，这些都是意料之中的情形。

大宝大发雷霆、二宝哭闹要奶

大宝大发雷霆会更频繁地发生，特别是在妈妈喂养新生儿或其他不方便的时候。父母可以试着去预测大宝和小宝同时需要父母关注的时刻。当孩子们的需求可以被事先预测到，并且当时间充裕时，试着先关注老大。你甚至可以利用这段时间去帮助他开始一个游戏或者活动，这样当你在照顾婴儿时他可以继续玩耍，并且当你和他都完成任务时，他能骄傲地把成果展示给你看。

当你必须要给婴儿哺乳时，可以让老大在你旁边玩耍，这样你可以时不时地对他正在做的事情发表评论。如果婴儿在哺乳后睡着了，你也许可以用一点时间搂抱、轻摇老大，或阅读、唱歌，或者只是跟他聊聊天。这时你感到自己连喘口气的机会都没有！这很正常。

当你抱起婴儿时，你可以跟老大说："去拿你的婴儿娃娃，我们一起来喂奶。你看，小宝宝吸奶的时候就会安静下来，你的娃娃会吗？你可以模仿她吗？"帮助老大，使其感觉到他能够参与照顾新生婴儿，而不是被排斥在外。他可以建立起自己的常规仪式（基于婴儿的，或基于他的婴儿娃娃的），这使他感觉自己是家庭中的一分子。

允许老大紧挨着婴儿爬上你的大腿，甚至可以允许他抱抱婴儿。如果你是母乳喂养二宝的，在他想要尝试的前提下也可以让他试试另一侧乳房的乳汁。他通常不会尝试第二次的，除非他自己还没有断奶。父母要做好心理准备接纳他对这种舒适三角关系的厌倦，他对于轻松的向往、自我主张及独立意愿都会回归。他会从你的腿上滑下，离开婴儿，并且对你说道："够了妈妈，和我来玩吧！"他会试图把你带离哺乳过程，你会对此有所抗拒，并且当他的滑稽行为影响了婴儿吃奶时，你会越来越生气。学步期的孩子也有可能会发脾气，他可能会做出各种戏剧化的事情使婴儿受到惊吓或尖叫。你的血压慢慢升高，愤怒也会慢慢浮出水面："我尽力了，现在让我们自己待一会儿。"

如果他的脾气迅速加剧，躺在地板上踢腿并尖叫，你会听见他声音里的哀伤，这是他在告诉你他感觉多么被冷落。你会感到揪心，并且仿佛分裂成了两个人。你身为父母的职责到底是什么？你可以怎么做呢？你也许不得不说："我就在这里，但我没法到你那边，当你安静下来时，我会尽快和你一起坐在摇椅里，然后我们可以一起读你最喜欢的故事，但你首先需要让自己安静下来，并且等待。"等待，这对一个学步期的孩子而言是多么可怕的字眼啊！

观察他是如何掌控自己的压力的。当脾气逐渐消退，他会把大拇指放在嘴里，瞳孔放大，看起来柔和而痛苦。他会转向自己那边，远离你，拼命吮吸手指并大声啜泣。你会感受到他内心的痛苦与孤独，有那么一刻，你甚至会想要把新生儿送回摇篮然后飞奔向老大。先等一下！

他会逐渐停止哭泣。慢慢地，他会重新振作起来，并起身去做一些知道你会有所反应的被禁止的活动。通过"做坏事"，他可以更成功地把你从婴儿身边拉开。他会让你看见他的"坏"，向你证明你的确需要一个新的宝宝，一个安静和温顺的宝宝。在他的游戏中，他会把自己为何"失去"你的恐惧演绎出来。

这时你怎么做呢？你必须要把他"坏的"行为转变成"好

的"行为吗？你能做到吗？不太可能。但你可以对此建立边界，并且帮助他从那样一个过程中学习。当他试探你的时候，你也许可以说："把那个花瓶放回到桌子上，我告诉过你1分钟后我会过来的。"

当他继续这些试探的时候，你可以抱着婴儿走向他，或者把婴儿安全地留在摇篮里。当你开始说这些话的时候，他可能会按照你所说的那样去做。如果他不那么做的话，把花瓶从他那里拿走并且放到他拿不到的地方。然后试着说类似于这样的话："我知道你想要玩耍，但这并不是向我发出邀请的方式。帮我去给宝宝拿张尿布，然后我们就有时间一起玩了。"他可能会怯生生地跑去拿一片尿布，甚至碰倒一整摞，但你帮助他了解到了界限在哪里。当你决定教会他更好的表现方式，你也在向他示意他并不是一个"坏孩子"。

这些崩溃情绪一开始并不会很多，因此你有机会去发现如何在这些时刻帮助他。渐渐地，当这样的情况变得频繁时，你会深受其扰。他令人厌倦的行为会使你感觉和他的关系越来越远了。当他试图拉拢你时，你会对那些把你卷入争宠的行为感到愤怒。你希望有足够的精力可以照顾到他，但事实上并没有那么多。如果你感到抑郁，这也会消耗掉你的能量。趁婴儿睡觉的时候搂抱一下老大，这是一种你依旧有能力做到的关怀他的方式。

大宝前一刻还悉心"照顾"二宝，下一刻就可能爆发

新生儿的黄昏焦虑通常出现在第一个月的月末并且会持续到第四个月的开始，这对所有人来说都是很不容易的时光。当父母们想尽一切办法去安抚婴儿时，老大会体验到自己的绝望。有时候，他自己也会崩溃；而在另一些时候，他会充当一个安抚的角色。他会爬上父母的膝头，在妈妈看起来手足无措时抚摸她的脸颊。有时候，他的崩溃威力会小很多；而在另一些时候，他似乎是通过更大的尖叫声在和妹妹（或弟弟）比赛，而妹妹（或弟弟）则会停下并暂时听他喊叫。

当婴儿开始微笑并且发出咕咕声时，大宝会在父母试图引起妹妹（或弟弟）关注时很严肃地看着他们。在8周左右，二宝似乎也会在看到大宝时高兴起来。当他俯身看她，呼唤"宝宝，宝宝"并且对她点头时，二宝会微笑并对他咯咯笑。这时父母会非常满意，并且为婴儿的逗引而欢笑。当大宝把二宝的脚趾头放进嘴里吮吸时，也会让大家非常兴奋。

但同时也要做好准备迎接"惊喜"：当大宝变得兴奋，他可能真的会咬痛妹妹的脚趾。婴儿尖叫起来，爸爸妈妈会对哥哥发脾气，并且抱怨道："不许你再这么做了。"魔法时间消失了，老大会感觉自己被抛弃了，内疚感也卷土重来，他自己也不知道原因。这些因为兴奋而导致的后果是难以控制的，这时应该由爸爸和老大坐下来聊聊并安抚他，而由妈妈去安抚婴儿。爸爸可以向孩子解释他必须要学着控制自己："我应该更早告诉你这些，这样你就不会因为太过兴奋而不知如何收手了。"

鼓励大宝"像个大孩子"时，别忘了他也是小宝宝

尽管看起来由老大扮演"大哥哥""大姐姐"的帮手角色是容易的，但不要被表象所迷惑。尽管老大在这一过程中体验着助人的骄傲并且试图探索"长大的感觉"，但他依旧会抗拒婴儿并且对于失去你而感到悲伤。你可以清楚地向他表达，有些时候他可以做个小帮手，而有些时候他也可以当个小宝宝。老大会非常努力地理解眼前的婴儿并且模仿她，他仿佛是在说："你们为什么需要她？她会做的我都能做。我依旧可以做你们的小宝宝并取悦你们。"他正在面对某种人生危机并且学着如何去适应它，而这需要你充满爱意的关

怀所带来的安全感。

父母要做好心理准备以面对老大某些方面再次出现行为倒退，通常是他刚刚掌握的一些技能。如果他已经开始说话了，他可能又会退回到"咿呀学语"的状态；如果他在任何一方面已经取得了新的进步（比如自己吃饭、睡整觉、自主如厕、克服对陌生人的恐惧），这时父母要做好心理准备面对他的"退步"。这是一个触点，暂时的崩溃预示着新阶段的发展，他在学习如何做一个大哥哥。

你可以站在老大的立场想象一下，当两个月大的婴儿每天傍晚都要烦躁且唤起父母各种担心时，这对哥哥而言是种怎样的体验。你可以帮助他去理解他的内心正在发生怎样的变化："你当然会想要像一个小婴儿那样讲话，每个人都在给她那么多的关注。""不用担心尿床的事情，当你习惯了拥有一个小妹妹时，这种情况会消失的。"理解会比抱怨或者要求他成为"大男孩"的压力更有效，后两者会让他变本加厉地用尽一切手段再次成为你的小宝宝。

当你必须给老大定规矩时，以下这些简单的步骤通常是管用的：

① 坚决而安静地制止他；

② 拥抱他，或者（如果他能接受的话）让他自己
冷静一下；

③ 如果有必要的话，让他在自己的房间里待一会儿。

上述任何一种做法都会打破其恶性循环，然后：

① 把他抱起来表达爱意，"来了一个小妹妹这是挺
不容易面对的事情，对不对？但我不能让你这么做，你
是很清楚这点的。我必须在这里让你停下来，直到你能
自己停下来。"

② 看着他的表情和眼神，他会听进去你所说的话，
并且变得柔和起来。

③ 当你和他重建关系并且再次感到亲密时，让他
帮你一起照顾婴儿。这样他会开始意识到管教的目标，
并且开始感觉自己像个"大哥哥"。

布教授特别提醒

很多孩子似乎轻描淡写地度过了头几个月，他们看起来非
常顺服，并且帮了很多忙。但不要指望这会一直持续下去。为

了这个要求极高的新角色所需要付出的代价，可能会在老大发育过程中稍后出现的关键时点中呈现出来，或者伴随着婴儿自身的某个关键时点而出现。每次当他出现退行时，都是让你和孩子一起学习如何掌握下一发展阶段的机会。

如果老大已经五六岁，他可能不会通过大发雷霆或崩溃来表达内心的抗拒与沮丧；相应地，他可能会通过类似于打翻东西、摔跤、需要你帮忙解答作业等方式来引起你的关注。或者他也有可能来到你旁边，仿佛是来做帮手的，但最后只是拖后腿与嬉皮笑脸。但他和较小的孩子一样需要被父母理解。当他感觉自己被理解时，相比年龄较小的孩子他更能够向父母诉说他的感受，并且父母更能给予有用的帮助。

6 个月

二宝开始四处移动，战争即将打响

事情开始变得越发顺利。老大似乎能够找到释放自己情绪的出口，他会渴望和小伙伴们约着一起玩。由于他在游戏中可能会涉及喂养婴儿、抱哄婴儿并对她唱歌，别的小朋友可能会对此觉得有些无聊——除非那个小朋友家里也刚迎来了一个小婴儿。但过一会儿你的孩子就很有可能把玩具娃娃扔在一边，和小伙伴们携手成为超级英雄，去拯救那些邪恶势力下的受害者们。看到他能把自己的情感表达出来并且通过和同龄人玩耍寻求安抚是令人感到安慰的，而他在这样的过程中也会不断长大。

但在婴儿每个新的发展阶段（爬行、迈出第一步、说出第一个单词），老大又会再次感觉到自己是多余的并且感到害怕。任何人来到家里玩时都会先被小婴儿所吸引，即使是善解人意的客人特地想要去陪老大说说话，也会不自觉地问道："那么你觉得你的小妹妹怎么样？"

老大可能会说"我讨厌她"，或者此刻对眼前的客人失去兴趣并且跑开。老大可能会做出各种出格的举动，越发疯狂、越发吵闹、越发扰人。但即使如此，这些行为也无法带给老大真正想要得到的东西，只会让所有人都觉得愠怒。

当婴儿开始会抓取玩具时，老大会递给她一个玩具，但又迅速拿开。他很快会发现通过这样捉弄可以欺负妹妹。当老大试图和婴儿"玩耍"时，父母们则会很高兴，但还不是把他单独和妹妹留在一起的时候，婴儿的兴奋和老大自己的兴奋势必会让他很快濒临失控。

当婴儿刚开始试着坐起来时，老大可能会追随着她摇摇欲坠的状态伺机推倒她。"他怎么能这样呢！"注意到这个场景的父母可能会恐惧地倒抽一口气。当婴儿开始爬行，老大可能会无限接近她向外伸展的手，仿佛老大被婴儿的进步所威胁到，并且试图在侵犯到他的领地之前击退它们。当婴儿开始自己四处移动时，父母们需要做好准备迎接孩子们之间的斗争。

老大可能会天真无邪地和婴儿一起待在地板上，并且吸引她爬向自己或一个玩具。但当她真的开始那么做时，他的动机又会变得有些复杂。他可能会在妹妹爬行时骑到她身上。如果周围没有人盯着但爸爸妈妈就在附近的话，他可能会把她一把推倒。父母可能会很震惊："你简直是个小霸王！"当老大那么做的时候，父母很难有心情去安抚他。但这些把戏都说明了他内心的需要，他需要界限清晰的安抚。

当婴儿开始爬行的时候，老大是会崩溃的。他现在可能会更容易哭泣；他可能会黏着妈妈并且不愿意被单独留下，甚至是单独留在朋友家里；如果父亲试着说服他和婴儿一起玩耍，他可能会不理睬爸爸；他看上去根本不像是他本来的样子。这时父母很难掩饰内心的失望："你可以帮助我们照顾小宝宝的，而不是像这样对待她。她是你的妹妹并且她很爱你，她希望你可以陪她玩，你为什么总是对她发脾气？"

他可能也不知道为什么。这个年龄的孩子可能会被情绪所淹没，但又不知道那是些什么情绪。但如果他可以说出来，例如"她拿走了我的玩具""她挡了我的路"，你就有机会向他说明自己是能够理解他的，并且让他知道你也很在乎他。试着控制一下你对他的沮丧感，不要期待他可以理解一个小婴儿。

相应地，你可以帮助他命名和接纳他的各种情绪："当她弄乱你正在做的东西时，这对你而言真是太烦人了。"然后你可以说："你知道她并不明白这个项目对你而言有多重要。"他可能并不在乎这些原因，但他会在乎你试图去理解他的用心。如果你可以让他自己对妹妹的反应感到不那么羞愧，他更有可能来听你想要表达的内容。对他而言，这意味着他并不是"太坏"，并且他可以选择不那么做。当他需要你制定边界时，这些边界会令他感到安全。

找时间跟大宝独处显得格外重要

现阶段父母和老大拥有一段特别的时间是更为重要的。理想情况是，父母双方每天都能有一些时间与老大待在一起——不带小宝宝。比如晚饭后的打闹游戏或过家家游戏，或者更晚些时候的睡前故事或分享梦境；也可以在婴儿午睡时和他共同完成一个小项目。如果做不到，那么至少计划在周末的时候，父母中能有一个人陪伴老大单独出去一会儿。这样，你可以在这周其余时间提醒他你们会有独处的时间。当老大渐渐长大，这样的独处时间会变得更加重要。如果是单亲家庭的父母，可以让信得过的朋友或亲属来帮忙照看婴儿，自己和老大出去度过一段特别的时光。

当父母意识到老大的痛苦时，他们自己内心也势必会出现各种矛盾。保护婴儿的愿望是排在第一位的，并且无需去忽略这样的念头。但在小宝宝取得每一个令人兴奋的进步时，老大都需要更多的拥抱与关注。当他跪到婴儿旁边模仿她时，他展现的正是深埋在内心的那种被取代的感觉。但他也会被妹妹身上那些变化而感到惊叹，他在学着去理解和接受一个更小的孩子，并同时取悦父母。他在学着做一个大哥哥，婴儿的触点同时也是他的触点。

　　这个阶段，婴儿开始迷上他。当她听到哥哥的声音从房间那头传来，她会坐起来仔细听。如果哥哥待在一个地方，她会爬过去。但哥哥不会只待在一个地方的！当他看见她爬向自己的时候，他会不停地变换位置，仿佛是在恶作剧，又仿佛是在引领她。妹妹是顽强的，她会不断尝试。他会令妹妹感到挫败，但在这个过程中妹妹也学会了坚持。她也会观察哥哥发出的信号，仿佛他是自己的全世界。在这些时候，妹妹在遭到哥哥的挑衅、鄙夷、漠视时并不会那么的脆弱，但也别指望哥哥会感激妹妹对他的热爱。

9个月

二宝爬来爬去搞破坏，如何平复老大的愤怒与攻击

　　如果老大对于新生婴儿的反应之前还没有完全浮出水面，当婴儿长到9个月时，那些反应可能会呈现出来。婴儿四处移动的能力、去抢夺老大玩具的冲动都处在一个高峰期，并且她还没有能力去控制自己的冲动或做出一些判断。4岁的老大可能会尖叫着说："她把我的房子弄倒了！""但你几乎有一年都没有玩过这个玩具了！""我不管，那是我的玩具！"老大把

小宝宝推开，让她摔在了地上，小宝宝开始大哭大闹起来，四肢乱舞，仿佛一只翻不了身的小龟。老大会面露不悦地说："这还差不多，给我滚开。"他会偷偷摸摸地走开，仿佛要掩盖自己的内疚感。

父母们可能并没有意识到老大的内疚，他们可能很容易对老大伤害小宝宝后的那种得意感到震惊。在把小宝宝扶起来之后，你也许可以这么说："我知道，小妹妹一直在弄坏你的东西，这是很难令人接受的事情。她真的很让你不舒服，不是吗？"当他意识到你理解他的立场时，你可以补充说："我可以教她如何不来碰你的东西，你也可以教她的。但她可能会需要很长一段时间去学习这件事情。当下你知道自己不能那么推她，这很刻薄无礼，你需要为此道歉。"

最后，你也许可以提一个建议："当她爬向你的时候，递给她一个你不介意她玩的玩具。你可以在自己身边放一堆能够给她玩的玩具。要知道，你玩的任何东西对她来说都充满了吸引力，因为她很崇拜你！"最终，你可以帮助大宝意识到，妹妹种种恼人的行为都是在表达哥哥（或姐姐）对她有多么重要的信号。

现在是时候找一个地方，把哥哥最喜欢的玩具放在那里，那样妹妹就拿不到了。但这样的策略并不会解决所有问题，也是不现实的。哥哥也会把自己的玩具散落在外面，而妹妹则会去拿那些玩具，然后他们又会对彼此生气。两个孩子都在学习如何激起对方最兴奋的一面。当老大有一个特别的地方放置玩具时，至少你把保管自己"财产"的权利移交给了他自己。

一个刚刚会爬的婴儿会捡拾起地板上的杂物、灰尘和零件。这是一个需要格外谨慎以保证她安全的阶段。如果老大已经到了能拥有细小零件玩具的年纪（至少3岁），他很有可能会把那些容易吞下去或噎住的玩具零件散落在地上。我建议你把这些玩具放在两个孩子都拿不到的地方。当小宝宝不在的时候才把这些玩具拿出来给老大玩，或者至少有大人在旁边盯着。（这样打扫起来也方便，也不怎么会丢失小零件）。当老大结束玩要时，可以让他帮助你一起收拾那些小零件。但不用强调这是为了小宝宝的安全着想，不然你可能会发现做小帮手这件事对他而言失去了吸引力。

比起模仿大人，二宝跟大宝学习有独特的优势

与此同时，你可以观察到老大对于"他的"小宝宝有多么

骄傲。当二宝开始表现出新的技能时，他很可能会为二宝的新
成就感到骄傲。父母可能会对这些看上去很矛盾的方面感到极
其困惑，但这真正展现了手足竞争的两面性：既有争斗，也有
奉献。

婴儿尝试学习新技能时，比如把一块积木搭到另一块上面
以垒起一座积木塔，老大就变成了一个重要的示范者。你可以
观察到二宝是如何暗中学习大宝的一切的。她几乎会丝毫不差
地模仿他的动作，一气呵成。如果她的父母试图向她展示同一
项任务，她可能会将其拆分成不同步骤进行学习，而不是全部
同时吸收完成。

对婴儿来说，哥哥姐姐是非常特别的学习对象，他们几乎
可以引领弟弟妹妹的发展。当他皱眉的时候，她也会皱眉。她
会以很高的精确度再现与模仿他所做的。尽管哥哥的注意力
持续时间比妹妹要长得多，但他还是会更快地对妹妹失去兴
趣。几个月以前，当哥哥离开妹妹的视线时，妹妹会忘了他的
存在。但现在，因为她有能力在哥哥冷落自己时依旧惦记着他
（"客体永久性"），她的要求也会变得越来越多，并且每当他停
止和她玩耍时都会感觉自己被抛弃了。

12个月

面对大宝的阻挠，二宝也能快速成长

当婴儿开始站立，然后试图放手前行时，父母们可以预见到老大的反应。他很可能会快速经过，然后在妹妹身边打转，仿佛在说："看我呀，我也会。"但让父母惊讶的是，哥哥并不会碰到妹妹，他甚至会拒绝大人，非要让妹妹坐下。即使如此，看着哥哥嗖嗖冲过去，妹妹依旧会摇摇晃晃的。

哥哥一直在密切观察着妹妹，同时也在学习。他已经了解到当妹妹试图迈步子时有多么不稳，而要吓到她自己只需要多么小的举动。他可以轻而易举地妨碍妹妹而不被发现，只要在她身边绕来绕去就可以使她不敢放手前行，多么机灵啊！

因此，小宝宝可能不得不推迟走路的时间到自己其实已经准备好的一两个月之后，或者她也慢慢意识到当哥哥不在旁边的时候自己可以勇敢地迈出去。不管是何种形式，她也是在学习。当她真的开始走路时，这是多么丰富而稳定的经验！她会学习平衡技能并且无比珍惜这一技能，这也源于她对哥哥英雄般的崇拜。她想像哥哥一样脚踏实地。

这时小宝宝已经开始自问一个问题，这个问题可能会萦绕在她心里很久："我什么时候才能赶上他？"年龄较小的孩子总渴望能够追赶上年龄较大的孩子。她会试着站立、蹒跚前行、追赶哥哥。当她摔倒时，她的沮丧可能会很快演变成一场大发雷霆的过程。她不仅仅是失败了，也是因为自己无法追赶上哥哥的水平。

父母要介入孩子们的较量吗

当婴儿试着向前迈步时，父母可以鼓励老大牵住她的手，这可能会让他们双方都很享受她学会了走路这件事情。但即使这样，父母还是要站在一旁，尽可能不动神色。哥哥很容易因为走得太快而把妹妹带倒。这个年龄的宝宝还没有准备好自己爬起来。但你卷入得越少，他们的角逐造成的混乱局面就越少。

这一阶段要观察她向哥哥发出信号或和他相处的能力是如何发生变化的。妹妹可能学习了各种吸引哥哥且保护自己的方式。很多年龄较小的孩子会把手举起来，仿佛是在保护自己；

或者当哥哥来到附近时，她会突然发出尖叫。当你看到妹妹这些自我防卫的反应时，你很可能会更想保护婴儿，因为面对较大的孩子她似乎不得不动用这么粗鲁的方式，你可能会感觉内心有一团怒火。

虽然这时婴儿还不会用语言表达，但这是她在用自己的方式告诉哥哥："小心一点，我还很小。"观察宝宝的姿势，仿佛是在鼓励哥哥和她一起玩，也仿佛是保护自己远离他突然而至的冲动行为。你需要待在附近，以防妹妹的抗议引发哥哥的过激反应。妹妹任何一个新的举动都可能触怒他。

在这些时候，你尽量别过多干预。你可以观察和享受他们彼此向对方学习的过程。当她向前走的时候，哥哥会扶住她的手；当她摔倒的时候，哥哥可能会前去安抚她，或者他也有可能不会那么做。哥哥也可能对自己一些令人崩溃的想法感到愧疚。我们的一个女儿在把妹妹弄倒后也会顺势倒在妹妹身旁，她仿佛是在收回自己的"恶毒"并且使之成为一个游戏。当她那么做的时候，她们两个都会爆发出一阵大笑。

当两个孩子年龄差距更大一些的时候，老大可能不会感觉到被小宝宝的新运动技能所威胁。老大可能会更有能力设计和保护自己的玩耍区域，邀请她加入或者把她排除在外。但别被这些现象所迷惑。父母们经常会惊讶地发现，即使是年龄较大的孩子也会感受到那么多的手足竞争，以及他们会多么心怀不满地去表达那些感受。当小宝宝开始走路时，眼前这个大孩子也需要更多的关注，并且欣赏他最新取得的一些进步。

18个月

"身体差异探秘期"到了，如何跟大宝谈论性别差异

当宝宝到了学步期，她和她的哥哥会发现很多一起玩耍的新方式，比如躲猫猫、捉迷藏。一个4岁的孩子和他18个月大的妹妹会在打闹游戏中互相模仿。这是在经历了各种战争之后的奖赏。他们会一起嬉笑着把食物扔下桌子。老大会学着单脚跳跃，妹妹也会跟着尝试，但把自己的腿绕到了一起，他们会一起哈哈大笑到喘不过气来。当他们对彼此的身体有更高的意识时，这意味着他们正发展出更有力的联结。

4岁的孩子正处在一个对差异非常好奇的阶段，并且需要去学习了解它们。当他们一起在浴缸洗澡时，他可能会想要检

查妹妹的身体。当然，妹妹也会想要看哥哥的阴茎并且碰碰它。这可能会导致勃起，如果的确如此，你可能会为此感到慌张。如果你可以尽可能地放手，他们很快就会习惯彼此的差异。这种探索的神秘感会消失，而触碰的行为也不再令他们感到兴奋。

但是，对此我们大部分人都无法置身事外。在不挑起更多好奇心的前提下，爸爸妈妈可以平静地说："这是她的身体，你的阴茎是在身体外面的，妹妹小便的地方是在身体里面的。"在3岁半或4岁的时候，孩子会好奇这些差异，并且会感激你帮助他去理解这些差异。

这也是一个谈及"隐私"概念的好时机。如果一个孩子为他和妹妹之间的触碰所唤起的身体体验感到兴奋或困惑，父母可以通过设置一些规则的方式来处理这种状况："当你独自一人时，你可以触碰你的身体，这是一种美好的感觉；妹妹也可以触碰她自己的身体。但你的身体是私人领地，妹妹的也是。所以你不能碰她的，她也不能碰你的。"如果老大察觉到这些触碰使周围的成年人感到抓狂，他一定会想要知道为什么。他会通过持续的试探与窥探来寻找原因。如果因为某些原因，兄妹之间的触碰一直持续，父母也可以考虑悄悄地让他们开始分开洗澡——避免小题大做。

大宝二宝可以分享同一间卧室吗

　　你可能并没有什么选择，但如果他们是共享一间卧室的，那么做好准备接纳小孩子们在彼此的床上爬来爬去。小宝宝可能还睡在婴儿床里，但老大可以跨越围栏，然后进入婴儿床里。有人陪伴的感觉非常舒适和放松，但两人共同睡在一张婴儿床里不太安全，婴儿床并不能支撑两个人的体重。彻底禁止可能有些小题大做，但你可以坚持当他们需要在一张床上玩时可以去哥哥的床上，并且确保那张床离地不远，以防可能的伤害。永远要有安全意识。玩耍的床上不能有枕头、松垮的床单或玩具，以防意外。无意识的攻击性情绪有时会在夜间浮现，也有可能是关爱的情绪。除非两个孩子的竞争情感都是可控的，不然让他们睡在同一个房间可能是在"赌博"。

　　在入睡时，当孩子们面临和爸爸妈妈的分离时，他们一定会向彼此寻求亲密感。并且在4岁大时，老大会进入到一个充满了恐惧、巫婆和鬼怪的世界，对他而言妹妹可能是一种安慰。也有可能，妹妹的存在会唤起哥哥在恐惧背后的诸多情感。4岁孩子的恐惧来源于他开始意识到自己内心的攻击性情感，而部分攻击性情感正是指向弟弟妹妹的。

二宝能力渐强，竞争升级，冲突不断，如何平息"战乱"

这时对老大而言，一方面拥有新的玩伴是种奖励，但另一方面这一玩伴也会带给老大新的威胁。她不仅能够进入他的空间，更能在他的领地开始和他展开角逐。当然，妹妹不可能追赶上哥哥，但至少她能尝试了，哥哥是明白这点的。

"她拿了我的乐高，然后把它藏起来了。"他们一起玩的每一个游戏都似乎会以打斗而结束。父母需要参与多少呢？妹妹希望被拯救，而老大则希望从父母这里再次确认自己所拥有的高超技能。

如果你近距离观察这样的打斗是如何被诱发的，你可能会发现他们两人对此都负有责任。妹妹会用自己悄无声息的方式吸引哥哥，哥哥早就准备好了回应，他会掌控全局，然后指挥妹妹；妹妹会以夹杂着快乐也带有自我保护的尖叫声回应，而这对于哥哥来说是难以拒绝又充满吸引的召唤。基调就是这样被定下来的。哥哥开始挠妹妹痒痒，并且直到妹妹倒下都不会停止，妹妹的大笑变成了召唤父母的大叫。如果父母试图发现谁是始作俑者（这是徒劳的），或者试图代替孩子们解决他们之间的冲突，孩子们之间的战斗就会逐步升级。

尽管这并非事先计划好的，但孩子们会发现能把父母卷入战斗是桩多么刺激的事儿。两个人的战斗远没有三个人的好玩。当妹妹学着如何成为一个"受害者"而老大试图从捉弄妹妹中获得乐趣，父母的出现会让整场戏更具有戏剧性。父母很难真的置身事外。

当我和弟弟还小的时候，我们很清楚地知道如何能让妈妈停止打电话，如何把她从室外或另一个房间召唤过来。我记得我们彼此脸上那种密谋的表情，然后我们就会付诸行动。我呼唤妈妈过来未必管用，但我弟弟的几声尖叫总是有效的。

平息持续的纠纷

· 确保小宝宝是安全的，拿走危险的玩具，如果打闹开始变得不受控制，要把两个孩子分开。

· 用好玩的东西或小伙伴来吸引老大的注意力。

· 帮助老大处理他的愤怒，和他聊天并帮助他理解这些情绪，向他朗读关于愤怒的故事，或者用木偶或人偶来演绎出那些愤怒的情绪。

· 当平息了一场失控的打斗后，各给双方一个拥抱并且向他们保证："你们可以彼此处理好这样的状况。当你们需要的时候我就在这里，但你们需要学会如何与彼此相处。"

较大的孩子（6～7岁）不太会和学步期的弟弟妹妹存在长期纠纷。相比竞争，他们可能更想让自己的地位和照顾他人的能力被认可。但当他们匆匆走过时也有可能捉弄一下弟弟妹妹，或者给他们设置一个复杂的"陷阱"。当"陷阱"真的捕捉到受害者的时候，他们可能会得意地大笑。当他们测试自己的超凡技能和捉弄弟弟妹妹的能力时可能会显得"冷酷无情"。

当两个孩子的年龄非常接近（差2岁或更少）时，他们更有可能花更多时间与彼此斗争。他们在重复与彼此斗争过程中所表现出的坚持、创造力与忍耐力，反映出他们需要去试探彼此，并且学着在这样的局面中自处。在早些时候，这些斗争也源于孩子们在能力上的局限性，例如分享的能力、轮流等待的能力、容忍挫败的能力、延迟满足的能力、谈判及妥协的能力等。父母要充满耐心，在一次次重复中帮助他们学习这些新技能，而不是试图去分清谁造成了这个局面或者这是谁的错。

2 ～ 3 岁

当较小的孩子2～3岁时，她更有能力成为老大的玩伴了，即使他们之间的年龄差距可能大于2岁。但是，两三岁的孩子可能会更抗拒成为老大的"小宝宝"或"玩物"。并且老大在五六岁时，可能会用更不同甚至更狡猾的方式利用弟弟妹妹的诚心崇拜。

他们成了彼此真正的玩伴儿，有了共同的"秘密语言"

当较小的孩子长到2岁时，共同的词语与姿势会加深兄弟姐妹间的亲密感。他们也可能发展出一套非语言的交流方式。当两个孩子互动时，你可以观察他们。你可以观察到他们经过反复训练所得到的难以描述的沟通方式，以及他们是如何与彼此保持联结的。他们是如此能够意识到彼此，以至于他们可以用常人难以察觉的方式向彼此示意自己的存在。有一次我观察到一个5岁孩子坐在教室里正沉浸于手头的工作。尽管他完全没有抬头，但当3岁的妹妹走进来时他很快就知道了。"阿迪来了，"哥哥很确信地说道，但依旧没有把头从书本中抬起来。妹妹并没有发出什么周围人能感知到的声音，也并没有说话，但哥哥就是知道她来了。这种意识几乎是超越感官层面的。

被二宝追随的美妙感觉瞬间就变成内疚和伤感

你可以观察这个阶段的兄弟姐妹们是如何互相模仿的。当一个孩子开始趾高气扬地迈开步子，如同游行一样，另一个孩子马上也会这么做。有一次，当我们和美国原住民部落的早期发展协会一起工作时，我们很荣幸地被邀请前往观看一个歌舞仪式。在这一仪式上，有一对同胞手足，分别是3岁和5岁，当时在体育馆的两头舞动着。老大跳跃、旋转，并且向前行进。而在房间的另一头，3岁的孩子正学习着他的每一个动作，笨拙但几乎准确地模仿着哥哥，并且恰好都是踩准节拍的。在我看到那个表演前，我并不知道他们是一家人，但表演使得这个事实变得显而易见。

这样的模仿对老大而言意味着什么呢？这意味着他全天都在被观察、被羡慕、被重复、被追随。尽管这使人受宠若惊，但也很难彻底消化。当他的朋友来家里玩时，老二可能会想尽各种办法使自己加入到大孩子们的玩耍与关系中。当老大想自己待一会儿时，老二会出现。当老大想进行更多相对成熟的消遣活动时，妹妹会拖住他。那些对于冷落妹妹的内疚以及对于抛弃她的伤感其实就潜伏在哥哥的内心，而妹妹有能力并且一定会利用这一点的。

他们都想拉拢父母

在这个阶段，由于彼此之间的竞争所导致的情绪崩溃越来越多。他们无法让彼此清净一会儿，反而会干扰彼此的玩耍并争夺父母的关注。推倒彼此、在地板上滚来滚去、在浴缸里泼水、隔着桌子向对方扔掷食物……"我想要和他一样多的冰激凌，再要多一勺。""不行，你给她的比我多！"尽管他们的混战会持续，但他们仿佛也在对彼此说："每时每刻我都想成为你的一部分。"

老大有个先天优势，当他觉得自己受够了的时候可以回到自己的房间把门关上。而2岁的孩子在经历这种巨大的沮丧时，则会趴在地板上大哭起来。你可以缩小他们之间的差异吗？当然不能。当你把他们分开时，你可以把他们每一个都当成独立个体来对待。你可以用不同方式帮助两人平静下来。他们都会用自己的方式逼父母站队。父母千万不要这么做。

相应地，你可以对他们表达同情，然后邀请孩子们各自思考自己在冲突中的角色。

对于老大，爸爸妈妈也许可以说："我知道当妹妹总在打扰你时，这真的很难受，但你可以告诉她不要这么做，或者可以带着你的玩具回到自己房间并把门关上，你并不需要打她。"对于老二，爸爸妈妈也许可以说："我知道你是如此想要和他玩。但当哥哥告诉你他不愿意时，你需要学会倾听。"让她知道你理解这对她而言有多么不容易，但你并不能改变这个现实。假以时日，这样的方式会使妹妹心中不再极端崇拜哥哥，并且转而开始维护自己。但在目前这个阶段，她一定会经历崩溃的。

孩子们容易崩溃的时间节点

· 清晨，吃早饭之前；

· 餐桌上；

· 购物时；

· 作业过多时；

· 父母的关注都在一个孩子身上时（照料、阅读、特殊照顾等）；

· 睡前；

· 兄弟姐妹其中一方的生日会；

· 充满礼物与祝福的圣诞节与各种假期；

· 长途旅行。

让大宝二宝在冲突中各负其责

当孩子处在不同的发展阶段时，父母们如何回应手足之间的冲突呢？通常，当孩子都能看见自己在冲突中所负有的责任时，这样的管教效果是最好的。但是，老大可能是了解所有规则并且具有谈判先天优势的那一个。老大可能因为年龄较大而被期待能更好地控制自己，但老二由于年龄较小则完全不会承受这样的期待。他们对于不端行为可能有着不同的动机。当双方都需要在解决冲突时承担自己的责任，我们也需要合理对待他们之间的差异性。

还有一种选择，就是让孩子们自己去解决他们之间的冲突，并且要求他们解决完这个冲突时来向自己汇报。这种策略可以防止老大滥用自己的先天优势，这也是让他们双方思考有关公平问题的好机会。举例来说，一个父母也许会说："你们听好，我不会参与分辨你们谁对谁错，你们两个需要自己搞清楚这一点。当你们有一个两人都满意的解决方案时，我会很乐意去了解那个方案。"这使得管教的对象上升到了整个家庭，而不是在某些时候去针对某一个孩子。如果老大显而易见地在迫使老二做些什么，或者当孩子们厘清事实的努力变成了一场打斗，父母可以建议几个解决方案并且让他们考虑这对各方而言是否公平。每个孩子都对最终的解决方案负有责任，即使造成问题的人只是他们其中一个。

如何"将一碗水端平"

在面对管教不同年龄孩子所带来的挑战时，父母们也需要考虑到每个孩子的不同气质。在一些情况下，通用规则是适用的。例如，"不做家务就没有零花钱""你要道歉"。对待敏感的孩子用一套管教规则，而对待另一个孩子用另一套更"强力"的管教规则，父母们可能会感觉这样做是不公平的。但是当理解了先天气质在孩子不良行为中的作用时，以及他可以从中学到些什么，父母们会意识到管教方式是需要根据每个孩子的具体情况来进行调整的。有教育意义的管教应适合孩子的气质以及当下所犯的错误。

对待一个安静、敏感的孩子，在她发完脾气后，父母坐着拥抱她或者把她轻摇至平静能使她获得满足。她正在学习安抚自己的方式。而对于那些更活泼的不愿意待在你怀里的孩子，你也许需要让他暂时回房间待一会儿。但当他自己准备好的时候，你可以让他坐在你的大腿上，或将他放在摇椅上。他也正在学习对自己奏效的自我安抚方法。

但你如何向每个孩子解释针对他们的不同管教方式的差异呢？要知道，你一定会听到这样的话："这不公平，为什么我总是要被惩罚而她就不需要？"父母可以解释说："对每个人而言公平并不意味着相同的东西，但我在做对你们而言都适合的事情。公平意味着我要帮助你们分别吸取自己需要吸取的教训。如果你能快速了解到这些，我就不需要再使用隔离冷静法或任何惩罚。"当父母们自己能意识到，尽管公平意味着相同的规则，但这并不必然等同于对每个孩子都采取完全相同的管教方式。相应地，管教需要与每个孩子的学习能力相匹配。

二宝在某一方面"后来者居上"

很多对老大而言较困难的发展步骤对老二而言是轻而易

举的，例如对第二个孩子进行如厕训练通常很容易。老二总是饥渴地观察并学习着老大。想要追赶上老大的欲望如此强烈，以至于她会通过模仿来掌握每种新技能。如果孩子们的年龄比较接近且老大的发展比较落后，妹妹有可能超越哥哥，仿佛在说："你看，就算你不会的东西我也能学会。"老二给老大造成的压力会导致老大的挫败感，甚至可能会导致更长时间的发展迟滞。

在这个阶段，老二终于寻找到了一种方式去超越老大："我可以在马桶里大便而你还不会。"这简直是打了一场大胜仗！但对老大而言，这又是一段如此令他感到羞辱的体验。老二取得的胜利背后有着显而易见的动力。你也许打算把这种新的压力用于促进老大的如厕训练，千万不要那么做。相应地，应再次向他保证你可以在这方面接受他准备不足，以及他对此的各种感受："当你还没有准备好脱去尿布时，妹妹已经自己训练好了，这很让人不爽，不是吗？不过，她也一直需要消化你什么都比她更早学会的感受，难怪她要小题大做了。不用担心，当你准备好的时候，你也会使用马桶大小便的。"

而你可以对妹妹说："我知道你对于自己能在厕所里大小便很骄傲，我也是的。但你觉得这会让哥哥有什么样的感受呢？你可以在为自己感到骄傲的同时依旧关注他的感受。"通过这样的方式，父母可以把兄弟姐妹间的竞争转变为理解彼此感受的契机，并且学习关爱彼此。这绝对不是比较他们的好时机，或者促发他们之间更多竞争的好时机。

她因崇拜哥哥而模仿，又因模仿不成而愤怒沮丧

你会观察到小女孩是如何希望像她哥哥一样站着如厕的。当妹妹一直观察哥哥是如何上厕所的，你可以让她面向马桶坐着如厕，这样她就可以看到自己是如何小便的。这是她性别差异意识的开端。她可能会公开表示自己有一天会长出阴茎，或者她也有可能就此无故发火或者因为一些无关紧要的事情找茬（当妹妹出生的时候，哥哥可能会瞥见她换尿布的环节，并因此认为自己的阴茎也有可能在任何时候掉落！）。在这一阶段，孩子刚刚开始厘清男孩与女孩之间的性别差异。如果老大是姐姐，弟弟则可能会想要"像她那样坐着小便"。他甚至会惊讶于自己射程过远，而姐姐并不会（当他看到爸爸是站着如厕时，他所有的方法也会迅速转变）。

这个年纪的孩子会对父母其中一方格外依恋，然后也会转向另一方。在这几年中，这是他们试图了解和内化每个父母的特质。这种热切吸收父母性别及个性差异的愿望也会影响手足关系，特

别是当两个孩子都进入3～6岁这一阶段的时候。妹妹有可能会想要穿得像她哥哥那样，有可能会模仿他趾高气扬的样子，像哥哥那样说一些粗话，或者刻意无视父母的要求。这些都是被"想要和哥哥一样"的愿望所驱使的。当她办不到的时候，那种挫败感可能会以嫉妒或否认的方式表现出来，她不愿意承认自己无法变得和哥哥一样。当老二需要面对现实时，我预期她会摇摆在愤怒与悲伤之间："我永远不可能和他一样，我永远无法成为一个男孩，我永远无法成为自己想要成为的人。"

小男孩则可能会模仿姐姐，并且想玩娃娃。他会试着和她穿相似的衣服，或者想要和她的朋友们玩耍。相比小女孩模仿所谓的男性典型行为，小男孩因为崇拜而进行的模仿行为似乎会更困扰父母们，父母们可能会过度反应并担心儿子永远不会意识到自己是个男孩。他可能会需要更多的时间和自己同龄的男孩或父亲待在一起，但他对姐姐的模仿是他崇拜姐姐并向姐姐学习的过程。

是时候给大宝一个自己的空间了

到老大四五岁的时候，他会再次意识到自己对于妹妹的愤怒［参见《触点：如何教养3～6岁的孩子》（Touchpoints Three to Six）］。当他年龄更小时，他可能会毫无心理负担地去攻击或拍打妹妹，但在这个阶段，他会感到纠结。他当然依旧想要欺负妹妹，但他比之前更清楚伤害妹妹是不对的，而当他那么做的时候会感到很内疚。与此同时，妹妹也会激怒他。尽管妹妹想要这种类型的关注，但她也希望得到哥哥的认可，并把自己当他的同龄人那么对待。她想要成为哥哥那样的人，但她做不到，她的脾气也可能因此而起。

与此同时，老二也能更轻易地导致哥哥情绪崩溃。她知道哥哥的敏感点是什么，而她也有极大的可能利用这些敏感点。当他越发意识到自己的攻击性情感，他也会越发不安于自己是多么容易失去控制。他再次想要全面摆脱妹妹："妈妈，让妹妹离我远点！"如果妹妹经常触怒哥哥，他可能会试着避开她。

我记得自己是如何从家里跑出去，到马路另一头的外婆家，以躲避弟弟的。外婆总是很开心能够见到我，她让我感到自己很特别。我觉得自己也在惩罚父母，当时总幻想他们并不知道我在哪里。

但如今，一个5岁的孩子该如何安全地避开老二呢？他会前所未有地想要自己的、无法被老二所入侵的空间。如果他们一直是共用房间的，可能的话，现在也许是让他们分房的好时机。如果不行的话，也可以为他提供一个单独的空间，也许是一张桌子或者书架，地点可以在门廊或某个房间的角落里。帮助他制作"闲人远离"（Keep Out）的标牌并悬挂在空间中，你可以向他示范如何书写这些标识。

这个年纪的孩子也需要自己的小伙伴。当他纠结于自己对老二的愤怒感受时，如果能有一个"家中也有老二，并需要面对相同境况"的朋友则显得特别重要。而给老二找寻的玩伴则能避免她总是跟着老大。

你也可以听听老大们是如何互相发牢骚的："每当我要做什么事情的时候那个小宝宝总是要挡着道，每当我想玩扔球游戏或打牌时，她总是要掺和一脚。爸爸妈妈也不做什么，我真是烦透了她。""我也是，我的妹妹让我生气到打了她一拳，然后我迅速奔向门口，他们都不知道妹妹到底怎么了。有时候真希望可以把她丢到大街上，或者自己逃得远远的。""我也是。"

父母们可能会想，充满关爱的老大们到底怎么了。"他之前对妹妹那么好，但现在突然开始讨厌她了，他会欺负和推搡妹妹，我能怎么做呢？我越是教训他，他越是做各种坏事情，也会变得越来越狡猾。有时候他看上去挺抑郁的，会说一些诸如'我真希望能住到别的地方去''我真希望自己死掉'之类的话，那真的吓到我了。"哥哥到底怎么了？孩子可能会被自己对弟弟妹妹的愤怒以及他对此的内疚感弄得不知所措。

有些时候，老大可能会试着控制自己的情感，或者加以掩饰，表现的方式则是"爱妹妹爱得要死"。他可能会时时刻刻关注妹妹，或打断她在做的所有事情，他会试图吸引走妹妹对其他所有人的关注。当老大的悲伤、恐惧和回避与他对妹妹那种"令人窒息的爱"，以及他对小孩子显而易见的攻击性并存时，父母们可能会感到惊讶与困惑。他正处在重新意识到那些攻击性情感并想要控制它们的阶段，意识到这点对父母们会有所帮助。这些行为通常会在四五岁的时候出现，对这个阶段的孩子而言他自己也会感到恐惧，特别是当这些愤怒都指向身边的靶子——例如弟弟妹妹的时候。

除了"平息战乱"或"站队"，还有其他选择吗

父母们很有可能会回忆起自己过去的感受。如果自己曾是老大，他或她会回忆起那种希望家中只有自己一个孩子的感受。如果父母曾是弟弟妹妹，那种想要保护"小宝宝"的感觉也会再次出现。这使得对纷争及打斗保持客观公正的态度变得非常困难。那些与自己兄弟姐妹相处的困难体验会使得父母试图去"平息"纷争，或者在争吵中站队，并且试图让事情变得公平。但是不管站队哪一方都不会成功的。孩子中总有一个会

大声哭喊着说："你爱她比爱我要多！"当父母能意识到自己的童年阴影时，他们就可以在做出反应前先停下来，并且试图在更广的领域内去进行回应。

3～4岁

帮助大宝二宝成为不同的人但依然亲密

当老大开始上一年级，朋友的重要性会使他远离老二。老大可能会说出一个令人痛苦的现实："妈妈，没有人想来我家玩，大家都知道妹妹会不停跟在后面。我再也受不了了。她就是个跟屁虫，我怎么也甩不掉她。她让我抓狂，所有的小伙伴都知道这一点。"

父母们理解为什么哥哥需要空间，远离可爱的妹妹，但如何在帮助他的同时也保护妹妹呢？她的确很崇拜哥哥，她想和他一样成为团体中的一部分，她想要成为他。她模仿哥哥走路的样子，试图和他穿一样的衣服（有时候在清晨哥哥甚至会把自己锁在卫生间里穿衣服，那样妹妹就看不到他今天穿什么了）。她会模仿哥哥讲话的样子，使用相同的俗语及音调。难怪当哥哥抱怨妹妹是跟屁虫时并不会触动到她。妹妹的行为让哥哥想要大声尖叫。他会想要去朋友家里以避开妹妹，不然的话，他知道妹妹会在那里等待并伺机破坏自己和小伙伴一起玩的机会。

如何帮助兄弟姐妹们
成长为不同的人并依旧保持亲密

· 为弟弟妹妹寻找一两个亲近的小伙伴。

· 向老二保证老大并不是故意拒绝她，但他也需要与朋友独处的时间。

· 允许老大和自己喜欢的同龄人玩耍。

· 不要逼迫老大照顾弟弟妹妹（他更有可能自发地这么做）。

· 避免批评。

· 当老大的确照顾到老二时要赞扬他。

· 倾听每个孩子的想法。在不站队的前提下，你要重视每个孩子的立场。当你倾听他们的话时，你也是在教他们倾听彼此。当你认真对待每个孩子时，你也是在帮助他们认真对待彼此。

· 然后让他们知道你的立场："你们两个人需要自

己去解决这些问题。"

· 尽可能让孩子们自己解决问题。

· 当他们需要帮助时，让老大为老二（和你）提供建议。

· 为每个孩子提供私密的特别的独处时间。

· 确保兄弟姐妹们有机会坐到一起，无论是规律的用餐时间还是其他一些家庭仪式。

· 召开一些常规的家庭会议，讨论那些规则、家务、期待和后果，让孩子们感觉自己是家庭的一分子。

· 设定边界并遵循："我们家就是这么做的。"久而久之，你可以帮助他们理解其背后的原因。但在他们做到之前，他们也必须知道"事情就是这样的"。

· 避免比较，避免总是把弟弟妹妹当小宝宝，避免过度表扬老大。

· 支持他们努力接纳彼此的行为，但不要给他们压力。"你有你的朋友，哥哥有他自己的，这对你们很重要。"

· 任何时候都不要指望他们之间再也不会出现冲突。

· 期待他们会支持彼此，会为彼此做出牺牲，会深切关心彼此。

那些有弟弟妹妹的孩子们很容易互相理解，他们会聚在一起讨论如何摆脱弟弟妹妹们。但他们不会让彼此知道自己这么做的时候有多么内疚。但当父母们看到另一面时，会知道孩子们是内疚的。在假期和周末的时候，当自己的朋友不会出现，老大又会在一些时候回归到过去的"养育"姿态。他会向她展示如何玩电子游戏，甚至会和她打牌。他会在家里教她那些自己从朋友那里学来的魔术技巧，这样"等她长大了"就可以去她班级里表演给其他孩子们看。当她想用一些小花招欺骗他时，他也有可能会大笑，而不是大发脾气。现在，他内心已经悄悄会为她感到骄傲了。

即使当弟弟妹妹已经四五岁了，两人之间也会有各种冲突，竞争也总是存在。每个孩子都会努力使自己的需求在家庭中得到满足，每个孩子也会不停尝试去获得他人的许可。他们总是相互关爱，虽然并不是所有时候都那么显而易见。到了七八岁的时候，老大的兴趣开始超出家庭范围，但他与弟弟妹妹及父母之间的联系是他强大的港湾，相比精彩的外部世界，这依旧是更吸引他的地方。

第三章　二孩关系中的常见挑战

在一次次竞争与冲突中，我们学会了分享与关照。

读懂二孩心理

出生间隔

在理想状态下，配偶们可以预先决定两个孩子之间的生育间隔。如今，很多父母在决定生二胎时也会考虑这个问题。令人遗憾的是，这样的设定并不一定会如父母所愿的那样发生。有些类型的避孕措施并非绝对安全，而且随着年龄增大，配偶的生殖系统并不总是配合得那么好。

当大宝二宝间隔1岁时

一些妈妈把哺乳期的激素变化当成是天然的避孕方式，但有时惊讶地发现自己又怀上了第二个孩子，而这个孩子与老大可能仅间隔一年多。两个孩子都还只是小宝宝，但也确实处于不同年龄阶段，有着不同需求。尤其当第二次怀孕发生在意料之外时，这样的状况会令人疲惫不堪。双胞胎或者两个年龄极其接近的孩子的父母头一年几乎筋疲力尽：休息不好，没有时间坐下好好吃口饭，连喘口气的时间也没有。

即使他们彼此之间非常不同——气质类型、情绪激烈度、性别——但这些孩子们很可能会越长越像，如同双胞胎似的。

他们会照看彼此，也觉得发生在对方身上的事情和自己有关。当你试图去安慰其中一个孩子时，另一个孩子会崩溃大哭。到了第三年的时候，他们之间的亲密性则会变成一种财富，他们已经学会照顾彼此。而硬币的另一面——同胞手足之间的竞争也始终存在。

他们之间的竞争会是激烈的，他们的斗争不会停息。但作为父母当你允许他们自己处理那些纷争时，他们很可能会在诸多战役中保持势均力敌的态势，并且学会更多生存法则。

当大宝二宝间隔2岁时

当孩子2岁时，给家里再添一个孩子会变得相对容易些。年龄较大的孩子有能力去抗议甚至推开他的婴儿"对手"。2岁的孩子有足够多的方式去公开表达自己，其中包括那些对于小婴儿的感受，但他还没有能力去压抑那些感受。尽管听上去有点让人望而却步，但从长远来说，这种年龄间隔下的兄弟姐妹们最终会成为朋友，并且由于在年龄上相对接近，他们更有可能会成为"一伙"的。作为父母，总有一天你也会告别满屋子的尿布，并且在不远的将来，孩子们也都开始去学校。等孩子们再大一些，由于他们之间的年龄间隔比较小，父母更有可能寻找到两个孩子都想要参加的家庭周末活动或度假安排。那些辞职养育小宝宝的妈妈或爸爸们则更希望两个孩子的年龄接近一些。

当大宝二宝间隔4～5岁时

一些专家认为四五岁是"最理想"的生育间隔。这样老大可以最大程度上享受自己作为一个小宝宝的时光。当老二出生时，老大可能准备好了进入一个更独立的阶段，并且很可能会模仿妈妈照顾小婴儿的种种母性行为；她对于同龄人的兴趣会远大于一个小婴儿。5岁的孩子非常会照顾人，并且也时不时地会是照顾小宝宝的好帮手。当然，有时候她也会对你和小婴儿表达愤怒，因为她不得不和另一个孩子分享父母。但5岁孩子对于愤怒的冲动有更多自控力，并且也有更有效的方式去处理那种被父母"冷落"所带来的悲伤。最棒的是，你不用担心需要同时付两份大学学费账单！

当大宝已经进入青春期时

年龄较大的父母们生育的小孩，或者是排行最末的"惊喜宝宝"，对父母而言可能是额外的赏赐。但是，在失去睡眠一段时间后，你可能开始希望自己能更年轻一些。如果家里有好几个年龄更大的孩子，排行最末的孩子真的会如同一份礼物，但不要指望其他孩子会对此表示感激，无论他们比最小的孩子大几岁。但是，他们依旧可以给予帮助。他们可以看小宝宝学习新技能，小宝宝可以很幸运地获得大孩子们的关注，他们可以让小宝宝成为全家人欢乐的焦点。但是，如果大孩子们已经接近青春期，他们可能会对怀孕母亲所传递出的生殖气息感到尴尬；而当他们真的长到青春期的时候，他们可能会越发抱怨照顾弟弟妹妹的各种责任，尽管私下里他们可能很享受照顾弟弟妹妹。父母们经常会讶异于即使是年龄再大的同胞手足也会产生嫉妒情绪，青春期孩子也同样需要父母的关注。

出生排行

孩子们和大人都经常使用"出生排行"的说法来描述兄弟姐妹间不同的个性。孩子们互相之间甚至会用出生排行来指责和谈判："就因为她是小宝宝，所以大家都那么对待她。啊！我受不了她了。"或者对年长的孩子，年幼的弟弟妹妹可能会提出这样的要求："你就不能对我们好一点并且把衣服分给我们吗？你有那么多衣服了。"当然，不管是最大的孩子、最小的孩子或当中的孩子，这会影响他们每个的行为。

但和有些人所想不同的是，很难用出生排行去预测孩子未来会长成什么样子。因为有太多的其他因素会影响一个人的个性，比如兄弟姐妹之间差了多少岁、性别，更不用说每个孩子的先天气质以及他们的成长经历。难怪不同的出生排行研究者们总是会得出不同的结论。

帮助大宝处理"超负荷"的责任与期待

每个人都期待最大的孩子能快速长大，其他孩子们也都心怀敬意地对待她❶但又期待她可以更慷慨、更乐于助人——尽管她本身未必希望如此。当姐姐对她"老大"的角色厌倦了，她可能会对弟弟妹妹们发火："让我一个人待一会儿，不要再吵我了。"如果弟弟妹妹已经习惯了她的照顾与关怀，他们可能会感到被抛弃了。

老大可能会被期待成为劳动力或"大脑总指挥"："帮我做

---

❶ 在第三章中，我们会用"她"指代年龄较大的孩子，用"他"指代年龄较小的孩子。

这些作业吧，你知道怎么做这些题目的。不管怎样，你已经是家里最聪明的人了。"这种崇拜可能会让她感到飘飘然，并且她会尽力去做——只是在短时间内。

但她也会感受到这种角色所带来的压力，并随之叛逆。她可能会对弟弟发脾气并且冷酷地对待他，她甚至会把父母想要让她成为"最大的也是最负责任的那个孩子"的压力发泄到弟弟身上。例如，当要求她照看弟弟时，她可能会用某种方式逃避这个工作，或者她会让弟弟极其不舒服，这样就没人再让她做相同的事情了。

帮助大宝处理责任

· 尽量不要期待老大"太"有责任感。注意观察老大那些需要从角色中跳出来喘口气的信号。即使两个孩子之间的年龄差距很大，也不要期待老大承担照顾婴儿的所有责任。

· 当老大承担了一些你并没有要求她承担的责任时要予以表扬，但也要注意，太多的表扬也意味着压力。

· 珍惜老大在家庭中的独特性，即那些独立于"年龄最大和需要承担最多责任"的特质。"当你进来坐在我的床边和我聊聊一天的生活时，我真的很喜欢那样。那一刻你仿佛再次成了我的小女孩，我们那时候经常抱在一起聊你各种做过的事情。"

· 当老大有需要的时候，也要允许她做一个小宝宝。逼迫老大过早放弃吮吸手指，或者不允许她带着小毯子到处走，或者禁止任何"像个小宝宝"的行为都可能适得其反。允许她在面对压力时退回到那些行为中，并且让她知道这些暂时性的后退是没问题的。

· 尽可能把老大从照顾弟弟妹妹的事务中解放出来，让她在家庭以外拥有自己的朋友。

不管老大如何表现，她都是弟弟妹妹们的榜样。你可以观察到，当一个学步孩子被哥哥姐姐扔球的动作所吸引时，他的手会模仿他们的手型，即使他目前还必须用双手去投掷东西。他的眼神和崇拜都透露出他是多么珍惜眼前的这个"老师"。

弟弟妹妹还会像小狗似的跟着老大转。通常，这样的行为

也会走向极端，并且老大不会喜欢他们那样："妈妈，我朋友
们来的时候不要让这个小跟屁虫一起出来，他总是打扰我们
的游戏，但又总是要求我的朋友们带他一起玩。这让我太尴尬
了，简直想去其他地方和朋友们玩。"但是，在另一些时候，
老大也会教弟弟妹妹们她和朋友们玩的游戏。老大身上混杂着
祝福与责任，不管她是否喜欢，那个责任的确很大。

如果老大是个女孩，她可能会在无形中被期待成为"另一
个妈妈"；如果老大是个男孩，则会在无形中被期待成为"另
一个爸爸和老师"。当老大试图脱离这些角色时，所有人都会
感到震惊，而老大会对自己的行为感到惊讶与内疚，弟弟妹妹
们则会感到被抛弃了。可以预见的是，老大的教授与帮助在有
些时候也会被弟弟妹妹们拒绝："我不需要你的帮忙，我自己
可以。"

帮助"排行中间"的孩子找到自己的价值

排行中间的孩子❶最早是年龄最小的那个，是老大的"小
宝宝"。经历了与较大孩子之间的亲密与竞争，他需要很努力

---

❶ 中国因为生育政策相关规定，出现"排行中间"的孩子的情况较少，但因
为其内容价值，我们在书中保留。

地寻找到自己在家中的独特位置。突然，又有另一个小宝宝降临了。每个人都欣喜若狂——除了他。每个人的焦点都集中在了小婴儿的身上，包括老大。排行中间的孩子似乎被所有人冷落了，包括他的竞争对手，现在他甚至无法吸引对方一起打闹。当年龄最小的孩子变成了排行中间的孩子，最难转变的部分就是老大的"冷落"，因为老大的关注都放在小婴儿那里。老大再也不像以前那样可以随时陪着他玩耍或打闹了。

第二个孩子现在成了"排行中间的孩子"。当包括老大在内的所有人都关注着小婴儿的最新动态时，排行中间的孩子会感觉心里空荡荡的。对他而言，居于中间就相当于被遗忘。他可能会试图去挑衅、去炫耀或大声哭喊以吸引一些人——任何人都行。如果没有人给予回应或者没有一个可靠的支持，他会一直哭下去，直到父母听见了他的哭声。一些排行中间的孩子会在日后把那种希望被照顾的愿望转化成对他人的照顾。

一个排行中间的孩子可能会试着从朋友那里弥补自己的孤独，但他看起来可能是易激惹的和抑郁的。他可能会想要逃开，他会挑食、夜醒。他既对狗厌烦，又很喜欢那条狗。父母们可能会问："你为什么那么不安？她难道不是个可爱的小宝宝吗？看她看你的样子呀，她那么喜欢你。"这是肯定的，小婴儿看谁都是那样的眼神，因为大家都是那样看着她的。每个人看小婴儿的眼神与微笑会让排行中间的孩子"想要吐"。他真的会喜欢上小宝宝吗？

在有些时候，排行中间的孩子也可能会开始照顾小宝宝。但当小宝宝尖叫时，他恨不得要打她脑袋一拳。但他不会这么做的，很快他会发现，他可以把小宝宝的注意力从姐姐那里赢过来。这种情况并不多，但足以匹配他所付出的努力。当他失败的时候，他也会和小宝宝起冲突。手足竞争总是存在的，有时候父母会绝望地想："他们真的可以相处到一起吗？"

排行中间的孩子可能会持续幻想自己能拥有一个特别的位置，例如成为"老大"或"最小的那个孩子"。他可能会更努力地想要活成老大的样子，或者他可能变得完全不同，以找到他的独特位置。他甚至会以此作为说辞："你总是偏向姐姐，也总是为弟弟感到骄傲，你就是把我当一个不大不小的孩子那样对待的。"他很可能会激发父母的回应，父母们会意识到这个"标签"以及他们自身在给孩子"贴标签"的过程中所扮演的角色。

但不要因排行中间的孩子使你感到过度愧疚。关于"排行中间的孩子"的迷思以及父母在这方面的担忧可能比现实状况要更严重。我排行中间的女儿总是能在说这些事情的时候引发我的诸多感受:"你是把我当排行中间的孩子对待的!"我真的有吗?我并不那么觉得,直到她那么控诉我。年龄最大的孩子和小宝宝的确天然占据了特殊地位,但排行中间的孩子也能找到属于自己的特殊位置。排行中间的孩子并不需要像老大那样面对那么多的不知所措,也不需要像小婴儿那样被过度保护。他所在的位置可能是更自由的。他是可以在冲突中全身而退的人,一些排行中间的孩子甚至会发现如何利用这样的位置来确保家庭成员中不会有人对他们有过高的期待。

一些排行中间的孩子会发现他们有特别的创意天赋使自己区别于老大或比他们更早出生的孩子;另一些则会试着成为维护和平的人——他们会调和冲突并且感觉有责任维护所有人的幸福安宁。他们既能感受到排行中间所带来的压力,也能感受到这个位置所带来的奖赏。我们第二个孩子是通过照料小弟弟找到自己的位置的，而她所承担的角色是无价的。

当一个排行中间的孩子能在家庭中为自己定义一个必要的角色时，他会感觉自己是被需要的和有能力的。

帮助排行中间的孩子感受到自己的价值

·提醒排行中间的孩子他所具有的才能，赞扬他的坚毅、为适应小宝宝而作出的努力，并帮助他寻找到自己的角色。

·允许排行中间的孩子呻吟和抱怨，甚至允许他因为自己为整个家庭的付出而爆发。当他感觉自己是被倾听到的，他也会更了解自己。

·面对所有与排行中间的孩子有关的两难境地。也许这会使你想起自己的过去，或者联想到某个家庭成员。但记住，你已经给了他一个可以去关心、去竞争、去依靠的家庭。

·不用对他感到抱歉，过度表达遗憾只会让孩子聚焦在负面情境中。家庭中的每个位置都有其优势与局限，每个孩子所获得的与给予的使一家人可以紧密联结在一起。

帮助"被宠坏"的最小孩子

　　每个人都喜欢婴儿——只要他的确如婴儿一般。他习惯了集万千宠爱于一身的感觉。他知道如何避开那些比他大的哥哥姐姐们，而家庭成员也都格外体谅年龄最小的孩子。

　　然后，突然有一天，他开始长大了。那些专属于小宝宝的诡计不再好用了。当他试图争取一些自己想要的东西时，突然之间所有人都给他贴上"被宠坏了"的标签。他的哥哥姐姐们会冷落他（他们已经耐心等待这天很久了）。他的行为成为所有人担心和讨论的焦点。他感受到了特权的丧失。

如何帮助最小的孩子成长？

　　·重视他想为了追赶上哥哥姐姐们所付出的努力。

　　·在他需要的时候给予安抚。但记住婴儿的角色并不会永远持续下去，他需要重视自己发展出的各项新技能，即使他不能真的追赶上哥哥姐姐的发展。

　　·自我觉察，提醒自己是多么喜欢拥有一个婴儿的感觉，以及你是否可能在有意无意之间使孩子待在婴儿的角色里。

· 准备好接受他的控诉："你总是把我当一个小宝宝！"你也许的确是这样的。这时你应道歉，并且让他知道你会试着停止那么做，尽管你也会有疏忽的时候。

现在，他必须要面对现实，他必须赢得与哥哥姐姐们的竞争，扮可爱再也不管用了。离开"婴儿"这个角色设定的压力对男孩而言会更大一些；对女孩而言，"脆弱"与"无助"的表象有时候更容易被周围人所容忍。

为了寻找到自己的独特定位，最小的孩子有可能表现出叛逆、出乎意料。他的路数可能不会和家庭其他成员一样。他是特别而令人充满惊喜的。但如果对他的期望越少，他也可能对自己抱有的希望越少。

如果年纪最小的孩子在家中退行到如婴儿般的行为，虽然这依旧很有可能让父母接招，但他所付出的代价是给被不认可这些行为的哥哥姐姐们留下话柄，然后他可能会采取虚张声势或叛逆的策略来应对。但当他的哥哥姐姐们接纳他时，他会心花怒放。他会学会很多来适应"长大"的自己，并且在有各种新收获的时候放弃那些小婴儿般的举动。

体弱多病

体弱多病的二宝占据"关注集点"，大宝会如何自处

　　孩子长期患病会最大限度地消耗一个家庭的资源。各种各样的成年人进出这个家庭，给予专业帮助或情感支持——对病童的，也是对父母的。每个人的注意力都在长期患病的孩子身上。没有人有更多精力去顾及其他事情，而同胞手足们是知道这点的。

　　在特别脆弱的时刻，他们可能会承认自己想再次成为关注的焦点——只是那一刻。但任何试图唤起关注的行为——负面的或积极的——都会给父母的疲惫不堪雪上加霜，这样的努力几乎毫无意义。身体健全的孩子开始学会把妒忌深埋在心里。"你的弟弟已经病成这样了，你怎么能那么说？如果你和他一样痛苦，你会希望他嫉妒你或者对你各种抱怨吗？"

　　健康孩子面对患病兄弟姐妹时会感到内疚："他为什么生

病？这是我的错吗？我之前老和他打架。"如何处理这些强烈的情感呢？孩子是无法任由这些情绪在自己心里发酵的，但她可能会试着把这些内疚转换成关心表达出来。她可能会帮助那些照料自己弟弟的人，但她也会担心自己犯错。如果她不小心把果汁打翻在床上，周围人可能会将之归咎于其内心的愤怒。

如果她的弟弟病情并没有好转，她可能会担心是不是自己许愿还不够努力。几乎没有人帮助一个孩子逃离那些对于患病兄弟姐妹的复杂情感。其实周围人一直都在，父母则要注意孩子的这些感受，意识到孩子想要变得足够"好"或者有用的愿望。父母可以告诉她经历这样的过程对她而言是多么不容易："看起来也许没有人关注你，也许你会想是否有人知道你为了帮助大家付出了多少努力。我是知道的，但也许我应该经常地表达这一点。"

还有什么能帮助到健康的姐姐呢？她可以休息一会儿，去找朋友玩。但即使在朋友那里，她也会面对诸如此类的问题："你的弟弟怎样？你的爸爸妈妈怎么挨过那么多事情的呀？"这些天真无邪的问题可能会使健康的姐姐感到愧疚。但并没有人询问："你是如何挨过这一切的呀？"

即使是健康孩子最要好的朋友也会有一些迟疑，仿佛健康孩子也患有疾病，仿佛这是会传染的。当病魔来袭时，所有人都会担心这样的事情发生在自己身上，并且会想为何这一切没有发生。相应地，恐惧和迷信会突袭孩子与相似的大人。对于"被传染"的恐惧始终存在，一个孩子可能会担心："我的弟弟病了，他现在无法走路。那也可能会发生在我身上，我是他的姐姐。""我应该患上比弟弟更严重的病，他那么乖，但我并不是。"

孩子甚至可能会想："如果我病了，也许弟弟就会好起来。"这样魔幻的"交易"是孩子用来处理自己内心哀伤的一种方式。当她无法使弟弟好起来时，她一定会感觉自己是失败的，并且对于自己"痛恨"他"吸引了所有人的关注"而感到愧疚。

有些孩子会出现和患童类似的症状。一个健康的孩子可能会开始跛行或咳嗽或肚子疼，她甚至有可能真的感受到这些症状的存在。但没有人会对此表示同情，他们只会看着健康的孩子并且会想："你怎么能这样？"而健康的孩子可能也会想："我怎么能这样？但我想要帮助弟弟。我想要感受他的感受，我想要成为他，并且带走他身上这些疾病。"或者，也许她自己也不知道这些症状背后所掩盖的情绪是什么。但不管是哪种方式，没有人理解她。当健康的孩子的确试着给予帮助时，患儿会睁大忧伤的眼睛看着她，这会使她心里更不好受。对姐姐而言，尽快溜出患病弟弟的房间似乎是更轻松的选择。

健康孩子会出现愤怒与内疚"杂糅"的情绪

我们当时在医院里认识一个2岁大的孩子，他因为脑部肿瘤而奄奄一息。护士们都很喜欢他，因此把他放在楼层中央的一个游戏围栏里，这样每个人经过的时候都可以充满爱意地和他说说话。他似乎虚弱到已经无法享受这些关照，但护士们还是每天都试着这样做，对她们而言，感觉除了这样也没其他方法可以帮助到这个孩子了。有一天，这个学步期的患儿正躺在开放式围栏的一角，被两个大靠垫相对固定着。他的父母从电梯上下来，他微微起身来和他们打招呼，然后又回到了安静状态。

然后，他4岁和6岁的哥哥们也相继从电梯上下来。患儿看到了他们，他的眼睛瞪大了，他爬向了离哥哥们最近的围栏那边，并且努力让自己扶着围栏站了起来。他伸出身体迎向他们，脸上和眼里都闪烁着神采。当他们拍拍他的时候，他发出了"哦哦哦"的声音。围观的我们都泪流满面，这些大男孩对这个孩子而言是多么重要啊！但是让健全的兄弟姐妹们去接受这类责任是困难的。

当一个家庭需要共同适应困难情境时，孩子们试着做出的调整会让他们本身获得许多力量。他们可能会更好地适应同伴压力，在青春期也会更少背离家庭所坚守的价值观。面对一个孩子的疾病，整个家庭都会变得更强大。

帮助健康孩子处理对于长期患病兄弟姐妹的情绪

1. 向同胞手足提供足够多的关于患病孩子的信息，让他们理解这不是他们的错，他们并不是导致这些状况的元凶，并且他们也不会被传染疾病，如果的确如此的话。

2. 给兄弟姐妹分配一些规律的家务，不仅是照顾患儿的，也包括全家人的一些事务。

3. 观察其他孩子有没有迹象显示她需要和父母一方有独处的特别时间——只是为了到处玩玩，而不是为了谈论患儿的病情。

4. 召开家庭会议，抽时间家庭聚餐。唱歌或者交谈，营造出全家人在一起的氛围，尽管还需要面对你们共同的压力。

5. 当父母自己变得不知所措或抑郁，也需要主动求助，以免健康的孩子感觉他们不仅需要照顾患病的兄弟姐妹，还需要顾及到脆弱的父母。

6. 有些患儿的兄弟姐妹可能会需要心理治疗来帮助他们处理针对患儿的复杂情感。有时候医院会为患儿的兄弟姐妹组织团体心理支持，在那里他们会遇见其他既想帮助自己的同胞手足但又嫉妒疾病吸引了所有关注的孩子们。他们可以在没有压力的环境下一起去探索和谈论自己并不想做的一些事情，并且感觉自己并不是独自在经历那些令人困惑的情感，例如愤怒、悲伤、恐惧和内疚。

互相比较

"榜样"成为妒忌的目标，"被冷落的"感到沮丧

父母们是一定会把孩子们互相比较的，这是无法避免的。

为什么他们不能为孩子们彼此的差异而高兴呢？"我们生下了如此不同的孩子们，这难道不神奇吗？"但是帮助孩子们对待他们之间的差异就是另一回事了。尽管比较在所难免，但也不无裨益。

你会观察到弟弟在姐姐有麻烦时是怎样幸灾乐祸的：他可能会表现出自己最好的一面，来充分"榨取"当下每一分的优势。这对父母而言是有巨大诱惑的，他们可能会把一个孩子的"好行为"用来教育另一个孩子："为什么你不能像弟弟那样听话和那么做？"记住千万不要这么说，这会让你们事与愿违。

公开比较兄弟姐妹们，或者用任何方式表达一个孩子是其他所有人的"榜样"，这会让所有孩子们都陷入困境。"她是我们的明星运动员"，或者"他是家里最懂事的人"，这些都会让"被宠"的孩子知道自己即将成为妒忌与愤怒的目标，而"被冷落"的孩子则会感到沮丧。一些来自于父母的评论，诸如"为什么你不能学着像弟弟那样"很可能在无意中伤害孩子，但这些伤害会被铭记。

这时在孩子的心中可能会形成一种无望感："他总是能做

对每件事情，无论我怎么尝试他们都不在乎，我讨厌弟弟。"
有些孩子可能会以放弃的方式回应，有些孩子则会被驱使去做
更努力的尝试。当一个孩子感觉不被父母那么喜欢时，他可能
就不太会在有需要的时候向父母寻求帮助。即使这样的言论的
确可促使孩子和"被宠的"兄弟姐妹去竞争，但会对亲子关系
造成持续负面影响，值得父母继续那么做吗？

用这样的方式比较孩子们是具有破坏性的。使用那些最高
级别的词汇，例如"最好、最差、最后、最多"等都会产生深
远影响。即使当父母想要称赞孩子，类似于"最棒"和"最
好"之类的词汇都会在无意中让孩子们互相之间对立起来。尽
量不要当着孩子的面用这些词汇来描述另一个孩子。但这种情
形是难以避免的，尤其当一个孩子表现得令人失望："你为什
么不能更像你的姐姐？她总是那么整洁。"但这样的言论所造
成的伤害总是远大于帮助。

父母如何跟孩子谈论缺点

当父母必须谈论孩子的缺点时，试着聚焦在这个孩子身
上，而不是与他人比较。例如对一个总是磨蹭的孩子，父母很
可能会有冲动地说："你的弟弟似乎对于准时去上学完全没有

问题。"其实，父母可以等平静下来时告诉孩子们："我知道这么匆匆忙忙的对你来说很困扰，而你也很想遵守时间。如果你想要时间更宽裕一些，也许可以在前一晚睡觉前把带去学校的东西都收拾好。为了帮助你更好地遵守时间，有什么需要我做的吗？"

当孩子们不再听到你把他们互相做比较时，他们会更喜欢自己和彼此。他们总是能意识到彼此之间的差异、成就与失败，但是父母的言论会比他们内心体验的分量更重。如果你能避免在其他兄弟姐妹面前谈论孩子的缺点，或者避免在同一个范畴里比较他们之间的能力，他更有可能试图去弥补自己的缺点。

比如，你可以说："我知道拼写对你来说比较困难，但你做得越来越好，并且我很欣赏你一直在为之努力。"耐心与坚持都是值得被重视的宝贵品质。当父母能够发现孩子身上一些独特的优势时，则更有能力阻止比较的发生。

面对孩子告状只共情不站队

有时候，孩子会逼迫父母谈论自己的兄弟姐妹，通常会要求父母来认同他对于那个兄弟姐妹的抱怨："她脾气真坏，她总是那么霸道，你难道不觉得她需要明白全世界不是只有她一个人吗？"父母当然可以倾听并回应孩子的感受："她真的烦到你了，是吗？"但不要在孩子抗议另一个孩子时站队。

相应地，你可以帮助孩子发展其共情能力，并且鼓励她站在其他孩子的立场上思考问题。你也许可以问她："你觉得她为什么会这样呢？"你不需要说出你的想法，如果你真的要说，也要带着平常心、尊重与希望去谈论那些部分。因为你在向她示范如何去处理一段关系。如果其他孩子的确需要你的管教，你可以私下进行。

"避免比较"不等于"不能谈论差异"

避免比较并非意味着全家人不能在一起讨论差异。如果一个孩子有独特的技能，或特殊的需求，或严重的疾病，这当然需要在家中谈论。但没有必要把这个孩子的状况同其他孩子进行比较，因为这种讨论的最终目的是为了理解那个孩子的处境。在这样的讨论中，其他的孩子可能会自行把自己和"特殊"的孩子去做比较。当这种状况发生时，父母们最好的选择就是倾听，帮助孩子理解他们自己所做的比较对他们而言意味着什么。

例如，一个哥哥可能会把自己和有数学天赋的妹妹做比较："我永远不会像她那么擅长数学的，而她年纪还那么小！"父母可能会很冲动地去淡化他的担忧，或者拍拍肩膀告诉他并不是那么回事。其实，我们应该弄清楚为什么讨论差异会对他造成困扰，这对他而言又意味着什么。最终，他会发现自己也有独特的能力，并且妹妹也可能在其他一些方面有缺点。我们的最终目标当然是让孩子们接受自己，也接受彼此，如其所是。

学校里的竞争

在学校里，某个兄弟姐妹身上的标签可能会被传递到下一个孩子身上。尽管老师们通常并不会那么说，但很难不去那么想，例如："他是那个吵闹的小孩的弟弟，我猜他也会很吵。"老师也可能会对有天赋的孩子的弟弟妹妹说："你哥哥是我教过的最聪明的孩子之一，希望你也和他一样。"

老师说"希望你像哥哥一样优秀"

对老师而言，把每个孩子和他们对其家庭的印象联系起来是自然而然的事。老师们可能会感觉他们可以使用这些标签来描述家庭的独特性，或者和一个并不认识的孩子建立起关系。当他们刚开始了解每个孩子时，他们可能会依赖这些标签，但这些标签可能也会变成"自我实现的预言"。期待一个孩子顺着哥哥姐姐的脚步发展有时候可能会开启一扇新大门，而有时候则可能具有破坏性。家庭中的每个孩子都想要开启自己的新大门，并且在学校里留下独特的记号。我们是否可以限制学校对于标签的使用，如果难以真正做到这点时要如何帮助孩子们处理相关的情绪呢？

我5岁的孙女曾经待过的班级是她哥哥两年前待过的。开学第一天，老师说："我希望你和威利一样乖，他总是很准时并且愿意帮忙。"我的孙女只是简单回应说："我是阿迪。"阿迪拒绝被贴上哥哥在教室里的标签——无论那些行为是好的还是坏的。

孩子有可能在学校里被贴上类似标签，父母们要做好准备，并且准备好在放学后和孩子谈论这些事情："老师能记住威利很不错，并且她想要了解你。直到她真的能做到这点之前，他可能会觉得你和威利是相似的，而当她真正了解你的时候就不需要再那么做了，到时候她就会欣赏你本来的样子。你和他是如此不同，老师最终会意识到这点的。"

学校的孩子们也可能会给兄弟姐妹们贴上标签。弟弟妹妹可能会从哥哥姐姐那里听到自己同班同学的哥哥姐姐们的故事，而哥哥姐姐们也可能会听到自己同学弟弟妹妹们的故事。当某个孩子有特殊的才能或需求时，父母需要做好心理准备去接受他们格外引人注目这一点。其他孩子可能会粗鲁地问道"你会不会和你哥哥一样傻"，或者期待某个孩子的弟弟妹妹也能成为足球明星，甚至会嘲讽一个并没像弟弟妹妹那样取得成绩的孩子。

在这样的情况下，父母可以帮助孩子们做好心理准备，并且仔细倾听他们的感受。对孩子们而言很重要的一点是，知道即使学校里的孩子们会对他们做比较，但爸爸妈妈并不会那么做。"学校里的孩子们可能觉得认识你哥哥就意味着了解你，但你需要做的只是成为你自己。"

大宝二宝因为成绩而互相炫耀，父母需要介入吗

这是不可避免的。"她能在学校演出中上台而我不能。""我在阅读高级水平班里，而你没有。"弟弟妹妹可能会问哥哥姐姐："你在三年级的时候数学怎么样？"

在我孩子的学校里，不会对任何同学进行评分。学校试图减少孩子们在分数上的竞争，并且重视每个孩子的个体差异（不过，孩子们在进入高中时会意识到这种庇护使他们一下子很不习惯竞争）。即使没有评分，孩子们也会通过各种方式给彼此分类。一个孩子可能会炫耀道："大家都知道谁的数学成绩是最好的，没有几个人比我好。"而她的哥哥可能会说："我在你这个年级的时候比你的水平还要高，只有亚历克斯的数学比我好。"

这种类型的竞争是不可避免的。这有害吗？也许没有，只要这种竞争的确来源于孩子们之间，并且天平并不总是朝着某一个孩子倾斜。如果来自成年人的比较激化了这样的竞争，那么对一个孩子固执的期待就会导致自我实现预言，并且造成孩子们互相之间充满破坏性的行为模式。成年人——无论老师还是父母——都需要仔细察觉是否在不经意间使得更为成功的孩

子一直凌驾于其他孩子之上，并且寻找机会来支持和鼓励不那么成功的孩子。

创造机会让每个孩子都能感受成功

较普遍的状况是，学校里用来认可孩子的机会会局限在一些狭义的传统领域中，例如学业成绩、体育训练、舞台剧等。学校有时候也会提供更广泛的活动（艺术、音乐、社区服务、辅导低年级的孩子功课、非竞争性体育活动），以使得所有孩子都能在某个方面体验自己的杰出。如果学校没有提供这样的机会，父母也可以鼓励孩子们去尝试各种方式来试验自己的能力，并且无需和兄弟姐妹们一样在某个特定的领域取得成就。

大部分学校舞台上或体育竞技场上的明星并不会在那些领域成为专业人士，父母和学校都需要认可孩子们那些会在未来使用到的技能，这不仅包括学业上的，也包括团队合作的能力、利他、同情心等。

学校竞争对孩子造成较大压力时，如何应对

如果一个孩子在自己哥哥姐姐曾经如鱼得水的班级里感到

难以适应，父母们需要格外注意。如果这个问题背后有重要的原因，例如学习障碍，那么哥哥姐姐的成功可能会使孩子面对的挑战变得越发艰难。重要的是能直面问题，而不是低估它。

父母和老师要努力避免把孩子与哥哥姐姐做比较，但如果孩子提及这点，要倾听，并且认真对待他的那些感受："你需要那么努力才能做到那样，这的确不公平。但当你寻找到自己特别的学习方式时，你可以发挥出自己的最佳水平。我们会帮助你的。"

父母们可以淡化学校里自然而然的竞争，可以聚焦在孩子有能力的领域，并且关注一些与竞争无关的品质，例如和一些人能成为好伙伴等（善良现在正成为被低估的美德）。父母要留意那些可能会对孩子造成影响的标签、自我实现预言以及行为。"你看上去很担心他们在学校里是如何对待你的。他们是否把你和姐姐做比较了？和我说说吧。"

如果孩子愿意让你知道他跟随姐姐脚步前进的感觉，这就是一个力挺其独特性的机会。如果这是一个长期存在的问题，你也许需要和老师讨论一下。父母可以向老师描述一下两个孩子各自的独特性，每个孩子都需要别人看见他的独特自我。如果一个老师足够细致，就会试着去了解和关心每个孩子，而不是把他们和其他兄弟姐妹们做比较。

批评与表扬

对谁的表扬和批评都不能"过火"

所有的孩子都迫切希望得到父母的认可。因此，父母们知道既可以利用批评来抑制那些在他们看来不合理的行为，也可以用表扬来强化另一些行为。但是，有时候父母并不总是清楚孩子们会多么认真地对待那些批评与表扬的言辞。当其他兄弟姐妹在场时，父母们的话语会变得更有分量。表扬一个孩子仿佛是在批评另一个孩子；而批评一个孩子时也会像是在表扬另一个孩子。

当孩子之间长期存在不平衡——对一个孩子有更多的批评，而另一个孩子收到更多的表扬——那么被批评更多的孩子就很可能放弃并且表现得真的如大家所想象的那么"坏"。当一个孩子必须承受父母持续批评对她造成的冲击时，她也会成为其他兄弟姐妹攻击的目标："你简直是个坏孩子。"孩子会反复戳人痛处，以庆幸自己并不需要承受这些冲击。

有时候表扬对于接受到它的孩子而言也是不自在的，特别是当其他兄弟姐妹在场的时候。在那种情形下，被表扬孩子的成功仿佛是要让其他人付出代价的。如果孩子在这种情形下感觉内疚，或成为了被嫉妒和排斥的目标，她甚至会停止努力尝试，转而希望自己不那么特别或者变得和其他人一样。

父母的表扬经常容易过火，而孩子也知道有时候这里面是含有虚假成分的。父母过多的表扬会妨碍孩子为自己的成功感到满足。但表扬有时候也是助推器，特别是当表扬的内容公正且出乎意料的时候。父母的表扬意味着重视，但来自兄弟姐妹的表扬有着更多的意义。当哥哥姐姐对年龄较小的孩子进行表扬时，例如，"你做得真不错。你不停努力在做这件事情。"——想象一下他们彼此会有多么骄傲。而弟弟妹妹表扬较大的孩子时则更可能流露出不同的眼神，或者以模仿的方式致敬。对这些表扬进行评论而剥夺他们自己乐在其中的权利，这真的是明智的吗?

　　如果你必须批评孩子，要避免使用类似于"永远"或"从不"之类的词汇，应聚焦在当下正在发生的状况："你迟到了，我们要走了"，而不是负面地一概而论："你从来都没有准时过。"

让他们学会"自我批评"与"自我表扬"更加重要

　　谨慎使用表扬和批评来控制孩子们的行为，因为孩子很快会感觉到表扬和批评都像武器一般。父母的长期育儿目标并不是如此。相反，是为了帮助孩子学会面对自己的优势和缺点，并且在他学习管理自己的行为时也学会自我表扬与自我批评。

　　在说"做得好棒！"的时候，也许有机会问："你对于自己做的东西有何感受？"其实你的微笑和温暖的音调已经告诉她你有多么骄傲了，但你依旧需要给孩子留空间让她体验自己的骄傲。这么做的另一个好处是，其他兄弟姐妹们就不太会觉得你对这个孩子的赞许意味着拿走了父母对于他们的赞许。

对批评也同样如此。在一些时刻，孩子当然需要被清楚告知她犯错误了。但可以找到机会询问她对于自己做的事情有何看法，她觉得这件事怎样做才更合适。这样的对话最好发生在其他孩子不在场的时候，这样可以避免给她增添更多的尴尬。

搞不清"罪魁"时，如何批评

父母应尽最大可能在私下里批评与惩罚孩子。如果其他孩子问："你为什么不惩罚她？"父母可以回答："这是由我来决定的，而这是你姐姐和我之间的事情。"当其他孩子在场时，需要共同遵守清晰明确的规则与命令。

当兄弟姐妹们，或和他们的朋友们一起玩疯了的时候，也不必把某一个人挑出来数落，可以告诉所有人："你们需要安静下来。"其他人可能会抗议："但是是苏茜搞成这样的！"这时你可以简短回应："我不在乎是谁做的，我要求你们所有人一起帮忙。"他们会收到信息的。把一个孩子拿出来当众数落羞辱可能会给孩子的心理蒙上恐惧的阴影，并且那也不会给你带来尊重。为了保护自己免于受到这样的冲击，他们可能会共同抵制你。

通常，你可能并不知道到底发生了什么，也不知道是谁起头的。但当犯错的是少数几个，也要让所有人在那一刻面对他们自己的责任。这样的做法维护了父母的权威，同时又鼓励孩子们意识到他们是相互依存的。他们可能会共同抵制某一个兄弟姐妹，但最终他们学会团结到一起——这对整个家庭而言是个重要目标。

替罪羔羊

替罪羔羊总是因为一些并非自己犯下的错误而被责备。每当人们无法面对自己对某个问题所需要承担的责任，或者不想痛苦地承认自己对一些错误负有责任，他们就会寻找一个替罪羔羊。

为什么他会成为替罪羔羊

现成的替罪羔羊总是有一些众所周知的瑕疵，这对于朝夕相处的兄弟姐妹们而言是唾手可得的。他们只要夸大某一个孩子的短处，很快所有事情都会变成她的错误。当一遍遍责备她做错所有事情的时候，她的那些缺点就成为了其他人免于承担责任的保护伞。她成为了完美的替罪羊。

当替罪羊试图维护她自己的时候，没有人会听的——因为大家如此需要她去承担那样一个角色。当她越是被责备，周围人就越不希望自己在她的那种处境里。大家会更努力地让她待在那样一个棘手的位置上，并且保护自己以免被羞辱。最糟糕的情况是，替罪羔羊也许会慢慢相信那些围绕着她的闲言碎语都是真的。

每当孩子被贴上这类标签——"总是迟到""邋遢""闯祸精"时，其他兄弟姐妹们就会开始使用这些标签："她不管去哪里都会把东西搞得乱糟糟的。"那个孩子自己也会慢慢开始认同"邋遢"这个标签："我知道所有人都觉得我邋遢。"但为什么不就此做出改变呢？她开始无意识地将这种自我形象付诸行动，这成为她性格中的一部分。她甚至会把自己放置在一个接受批评与指责的位置上，并且不敢为自己发表主张。她已经陷入了"受害者"的角色。

替罪羔羊的标签意味着自我实现预言。一个著名的心理学实验是把一堆相同的小白鼠分别放在两个笼子里，一个笼子被贴上了"聪明的老鼠"的标签，另一个笼子则被贴上了"愚蠢的老鼠"的标签。研究生把这些老鼠放在迷宫中，相比"愚蠢的老鼠"，有更多"聪明的老鼠"走出了迷宫。与此同时，有摄像机记录下了研究生们是如何对待这些老鼠的。如同大家所能预料到的那样，他们对待老鼠的方式是完全不同的。一个"聪明的老鼠"会被宠爱并温柔地放置在迷宫里；而一个"愚蠢的老鼠"的尾巴则会被粗暴地拎起来，扔进迷宫，找不到自己的方向。对待老鼠的不同方式决定了它们会成功还是失败，这也是发生在替罪羔羊身上的过程。

帮助替罪羔羊"翻盘"

父母需要警惕这类贴标签的倾向，并且对于孩子的批评、鼓励与接纳要保持平衡。"你可以邋遢，但我们会帮助你改变这种情况，我们一起来收拾吧。"父母们需要记住的是，示范是教育孩子最有力的方式。如果他们能意识到并且停止把一个孩子作为替罪羔羊，他们就更有可能打破那个孩子所处的恶性循环。

父母们可以寻找机会来帮助孩子改变其行为。"我看到当你把这里弄得一团糟的时候自己的脸色也变了，我知道你并不想这样的。当你说你真的很抱歉时，我知道你真的是那么觉得的。也许下次我可以帮助你，甚至在这些状况发生以前就可以。也许你可以告诉我怎样帮助你。当我们都责备你的时候，这对你来说可能是更糟糕的。"

那些迫使一个孩子成为替罪羔羊的其他兄弟姐妹们也会承受痛苦。他们也知道自己是在夸大其辞，并且他们会看到那个孩子的痛苦。为了避免这种内疚感可能会延续很久，他们会努力使自己相信替罪羔羊的困境是对方应得的。父母可以通过帮助孩子们面对自己的责任来帮助他们："我知道你们都对妹妹感到恼怒，但你们也可以看到，当我们群起而攻之的时候她的感受会有多么糟糕，而我也知道看到她不好受你们心里也不舒服。"其他孩子可能并不会马上承认他们是在乎妹妹的，但即使父母不逼迫他们面对这些感受，他们也会慢慢意识到的。

不过，父母还是需要让孩子们知道什么是"替罪羔羊"，并且声明这是不被允许的。当发现一个孩子总是在闯祸时，父母需要寻找到方法来中和一下对于这个孩子的批评。当父母能让每个孩子意识到自己的责任，并且避免总是单独责备同一个孩子，其他孩子就会意识到父母在这方面是认真的。父母对于坏行为的回应必须清晰传递给孩子们如下信息：如果在他人身上发现了错误，也要思考自己在这当中需要承担的角色。即使一个孩子没有做任何事情，她也必须自问有没有做一些事情去试图预防这种糟糕的状况。只有当孩子们理解了虽然个别人是有错的，但所有人都可以为之承担责任，替罪羔羊的状况才会停止。当然这需要一点时间。

管教中的公平

公平的管教不等于管教方式相同

对不同的孩子，管教方式会是相同的吗？并不总是那样。用不同的方式对待他们公平吗？其实他们并不会觉得公平，并且会格外留心这些。但有可能这其实是公平的，因为他们是如此不同。管教的差异取决于年龄、能力、敏感度及气质方面的差异。兄弟姐妹们会责备父母："你们对她总是比对我宽松多了。"我建议父母公开解释他们的理由，以使管教方式上的差异看上去并不是偏心："你真的觉得用相同的方式对待你公平吗？你要大三岁呢。"

父母们也许会发现，他们管教男孩与女孩的方式是不同的，或者他们可能会无意识地那么做。很多人在和女孩说话时天然会柔和一些，而对男孩则更强硬一些。男孩子们会觉得这样不公平吗？也许会。父母们需要停下并思考一下他们对男孩女孩的不同回应方式是否真的适合孩子，还是仅仅基于性别的刻板印象。

公平的管教并不等于对所有孩子采取绝对相同的管教方式。如果不同孩子的确需要通过不同的管教方式来实现被接纳与吸取教训的目标，那么他们都会需要成年人的帮助来理解和接受这一点。

他俩一块捣蛋，却让二宝"背黑锅"

当两个或者更多的孩子联合起来制造了你必须制止的混乱，并且需要管教他们时该怎么做？年龄较大的孩子可能会让年龄较小的孩子背黑锅，因为他知道弟弟更有可能"被放过"。有时候，父母可能会意识到这种混乱局面并不是一个较小的孩子有能力造成的，但有时候他们则不会意识到这一点。那你应该怎么做呢?

　　·首先，父母需要自控。

　　·然后，让两个孩子共同面对这个情况。趁此机会
他们将意识到他们是作为家庭的一分子参与到当下的。

　　·接着，对两个孩子分别进行个体管教——私下进行。

　　·最后，让两个孩子再次回到一起，提醒他们都需
要对彼此负责，即使有错的只是一方。然后，计划一个
共度的家庭时间——一顿饭、共同阅读、散步，或任何
温馨的、能让所有人重新感觉到亲密的活动。

　　在进行管教时，把孩子们分开可以起到让他们好好接受教
育的目的，降低他们联手戏弄父母的可能性。这也会让他们意
识到他们彼此多么希望待在一起，无论在一起的时候是多么令
人焦躁不安。

　　当孩子反复出现不良行为时，要么他们并没有从你的管教
中吸取教训，要么他们行为不端的动机更强烈。基本的一点是
要帮助孩子们看见他们彼此的动机以适应彼此，并且遵守家庭
的规则与期待。然后他们才会更自律。如果这样的情形并没有
发生，兄弟姐妹们可能会觉得联合起来抵制父母是更有趣的，

并且会彼此勾结，不断试探父母的耐心与决心。如果可以的话，你可以把这些责任交给他们，使得行为不端成为他们需要面对的问题，而不是由你来面对的问题。

另外一种可能性是你的反应前后不一致。如果你在一些场合回应，而在另一些场合无动于衷，孩子们一定会不断试探，他们需要了解你下一次是否会做出反应。如果你是认真的，那么每次都要向他们展示相同的回应方式。但也不要过度反应，不然孩子们会觉得那些不合适的行为充满了刺激感和诱惑。

如何实现公平且合适的管教

1. 首先，需要"罪罚一致"。

2. 当你发现自己耗费大量时间管教吵闹和竞争中的孩子，不妨停下来想想能否让他们自己处理这些冲突。当你不再那么唠叨的时候，他们更有可能会听到你所说的。

3. 平衡积极与负面的表现。当孩子们安静地相处或者自己玩自己的时候，可以通过语言表扬给他们惊喜。

4. 当问题行为发生太过频繁，询问孩子们可以怎样帮助他们守规矩，让他们共同计划解决方案。

5. 不要把一个孩子和另一个孩子做比较。

6. 不要在其他孩子面前谈论某一个孩子。

7. 不要在其他孩子面前羞辱某一个孩子。

8. 当管教在私下进行时才可以被孩子较好地消化吸收。但很多时候，两个或更多孩子同时需要管教，这时你可以把他们作为一个共同的整体来告知规则以及相应的后果，而不是把某一个孩子单独挑出来数落。

9. 管教是一门艺术。欲要更好地管教孩子，父母需要了解每个孩子的先天气质、发展阶段、学习方式以及阈值。观察她的面部表情及身体动作，那会透露出你的管教有效与否的信息。

10. 在必要的管教之后，确保你能找到一些积极的话语或活动来缓和气氛。

偏爱其中一个

被偏爱的"有恃无恐"，没被选中的"嫉妒沮丧"

"她让我想到我的母亲。""他和我小时候简直一模一样。"

很多理由都可能使父母偏爱其中一个孩子，例如出生顺序、性别、孩子的样貌、她运动的样子、她的气质或心灵世界等。通常，一个孩子会激发出父母的无意识反应，对此他们自己也无能为力。

父母们通常有心要公平对待每个孩子，但并不总是这样，而其他的孩子们会意识到这点："为什么妈妈谈到麦迪时总是更温柔一些？"当父母双方都溺爱同一个孩子时，这可能会使其他孩子陷入困境。或者当父母们的争论总是围绕着同一个孩子展开，这也会让其他孩子看在眼里。

偏爱，无论父母能不能意识到、承认与否，都会打击其他兄弟姐妹们的自尊。因为被偏爱的孩子，他们会感觉自己很失败。如果他们感觉自己无论做什么都无法赶上那个"特别"的孩子，他们可能会放弃尝试并且开始种种糟糕的表现，而其背后则是绝望地想要引起父母关注。或者他们也会寻找更重视他们的成年人。

父母如何避免偏心？

·面对你的自身反应。

·努力通过更多地了解别的孩子来使这些反应变得更加一致，和每个孩子都要有单独的相处时间。

·珍惜他们的差异。

·向他们和你自己强调他们的强项。

·和另一方父母谈论任一孩子时都需要私下进行。当父母围绕一个孩子发生争论，即使那个孩子是他们双方都偏爱的，孩子也会被卷入冲突中并感觉受到伤害。

·如果你和某个孩子的关系不太好，可试图为孩子寻找到别的成年人或同龄人为他提供指引及喝彩。

　　我知道自己的母亲和我弟弟是有特殊情感的，她会不断给他喂奶，关心他生活的方方面面。但最终我是幸运的。我有祖母，她很喜欢我。我是她的第一个孙子。她会对我说一些特别甜蜜的话语："贝里，你和小宝宝相处得真好，你爱别人，是不是？"言犹在耳，每个孩子都需要有个可以疼爱他们的后备人选。

当一个孩子是家里更受宠的那个，她会学会一些特定的行为模式。她可能会学会如何"搞关系"，会用不同方式讨好家里每个大人。她会习惯于这个被偏爱的角色，而当她把这些魅力作用于同龄伙伴时，就没那么成功了。她需要学会倾听别人并且不再完全关注自己。

肢体冲突

在很多家庭孩子打架可能是常态。孩子们知道如果他们叫得够大声就会有父母被卷入他们的战斗中。但是如你已经知道的那样，当你加入他们的战争时会使局面更不平等，他们会持续打斗下去，并且真的伤害到彼此。当你干预的时候，你已经加入战斗，成为战斗的一部分，并且使得孩子之间的竞争氛围更为浓厚。

当二宝还不足以保护自己时

当一个婴儿未满18个月，并且还无法在身体层面上保护自己或者无法有效求助，这时他需要你的保护。每当哥哥姐姐威胁到他，你可以和大孩子一起坐下并告诉他："我不能让你伤害他。你可以讨厌他，你可以对他恶作剧，你可以离他远远的，但你不能伤害他。如果你真的那么做了，我们彼此都会感觉很糟糕。直到你能让自己停止伤害他，在这之前我都会制止你的。"当你允许大孩子拥有这些感受，并且展示出你对这些情绪的接纳，她对所有人都将不再那么愤怒——无论是你、她的弟弟还是她自己——那样她伤害弟弟的可能性会更低。

当孩子们都能保护自己时

当所有孩子都足够大到能够保护自己不被其他孩子伤害时，父母们最好声明这一点："这是你们的战斗，和我无关，你们需要学会在我不在场的情况下解决你们自己的冲突。"当你向他们表示尊重，例如"你们可以自己解决的"，这样他们也会有动力向着这个目标努力。

如果因为一个孩子失控而你的确需要进行干预时，需确保每一个孩子都被安抚到——安抚因为自己失控而产生恐惧感的孩子，而其他孩子则需要更多帮助来学习如何主张自己的合理诉求。

用任何尖锐或沉重的物品打闹都是危险的。通常，如果孩子们都年龄大到可以保护自己，一个孩子很少会严重伤害到另一个孩子，除非父母或者其他能负责任的成年人在场。如果没有成年人在场，这就意味着没有人会在孩子失控时确保他们的"安全"，这种情况下孩子们失控或者互相伤害的可能性就会消失，孩子们会感觉到那些时刻他们必须对自己的安全负责。

一旦孩子们的年龄已经大到不需要成年人持续看护时，远离他们的视线是个不错的主意，尽管成年人依旧需要待在附近以防止危险。当孩子们的视野里没有大人，大部分孩子会意识到他们需要管好自己。没有孩子会想要受伤。即使是在那些被激惹的孩子中，也没有孩子是真的想要故意伤害其他孩子的——尽管他会感觉"想要杀了她"。当大人不在旁边盯着时，每个孩子都更可能为其他孩子负责。斗争会继续，但他们的界限也会被设定。

当一个成年人掺和进孩子们的打斗的时候，有一句潜台词是："我并不认为你们可以自己停下来。"当一个孩子袭击另一个孩子时，受害者尖叫起来但并不会保护自己。但当父母介入的时候可能就是在强化第二个孩子的受害者角色。因此，当父母们评估自己是否要介入时，这些因素都需要考虑。但有时候父母是有必要介入的，例如当一个显然更强壮或更年长的孩子

（4岁或超过4岁）反复和更小的孩子发生肢体冲突，或者当一个孩子反复暴露其他孩子的弱点以故意羞辱那个孩子的时候。在他们的打斗中，孩子们通常会呈现出有进有退、有来有去的状态：他们会轮流"赢"或"占上风"。但当两方力量相差悬殊时，父母就需要介入了。

父母确有必要介入时

当父母必须介入时，需要避免让更大更强壮的孩子更生气，不要加剧他们的打斗。和那个孩子谈论她自己的状况，而不是另一个孩子："当你这样失控的时候，我必须帮助你。"然后对受害者说："你需要学着保护自己，此刻你需要学会如何远离她。但以后你也会长到足够大和强壮到能够保护你自己的。"

孩子双方都需要安抚，但安抚目标是让一方知道她有能力控制自己，而让另一方学会保护自己以免被他人失控所伤害。在一个危险重重的世界中，每个孩子都需要知道她可以保护自己，也许可以考虑让孩子接受自我防护的培训，当孩子知道她能保护自己时会变得更加自信。能以这样的方式感觉到安全的孩子不太会和兄弟姐妹们发生肢体冲突。

出现哪些信号时，父母要格外重视

在本书中，我们大部分时候主张兄弟姐妹们之间的竞争是
自然的和不可避免的，尽管父母们的介入只能使之变得更糟
糕。通常情况下，置身事外是最明智的选择，但也有一些情况
父母需要采取行动。

下面是一些需要警惕的信号和场景，父母需要对它们做
出反应，或者在一些情况下，还需要寻求专业精神卫生人员
的协助。

当一个孩子受到身体、性或情感方面的威胁或虐待时

辱骂与兄弟姐妹之间那种常见的斗嘴是不一样的。那些
辱骂欺负其他兄弟姐妹的孩子看起来毫不在乎有人被伤害了，
他们无法站在被伤害的孩子的立场上，也无法想象被欺负是
怎样的感觉。这些孩子通常是被愤怒所驱使的，他们也有可
能会把自己的所作所为合理化为情有可原的事情，或者觉得
自己有理由那么做。不幸的是，玩耍、照顾和同情在这种情
况中是缺失的。

被欺负的孩子则有可能因为太过恐惧或顺从而无法向父母求助，有人可能会威胁她，如果告诉父母的话就会被更糟糕地对待。令人难过的是，这类兄弟姐妹之间的关系通常会在父母自己受困于各种难以招架的冲突时产生。孩子们身上的那些愤怒仿佛是被父母传染的，并且当父母疲于应对各种自身情绪时也会无暇顾及孩子的感受。

危险的身体或情感暴力

有时候，孩子之间的打闹几乎相当于袭击的等级或严重程度。例如，尽管兄弟姐妹之间难免出现打人、踢人、咬人和抓人，但通常他们会在造成严重后果之前停下来，而且也不会使用危险的物品或武器来弄伤彼此。互相投掷重物或者用剪刀威胁对方，这些都是越界的行为。

重复攻击

有时候危险性并没有那么明显，孩子们相互之间的攻击看起来并没有那么严重，但损害却恰恰来源于不断重复。当一个孩子一次又一次地欺负另一个孩子，被欺负的孩子就会开始认同"受害者"这个角色，而这有可能会损害其人格发展。通常，兄弟姐妹之间的打闹是势均力敌的，各方会轮流占上风，孩子们会轮流体验不同位置上的角色。那些在一些场景下实施攻击的孩子年龄较大也较为强壮，他们需要在另一些场合表达关爱与善意。而那些年龄较小、较为柔弱的孩子则可能在一些场景下感到非常无助，但在另一些时候则会还击或维护自己。

当每个人都生气时

当孩子对家庭以外的孩子发泄愤怒时，这种行为说明他们也可能在家中欺负年龄较小的孩子，或者他们自己经常被哥哥姐姐欺负。当孩子感觉气馁或信心不足，或者没能学会如何与愤怒共处时，这些情况就比较容易发生。当父母自己无法与愤怒共处时，也会导致类似状况。当家庭面对过多的压力，或者父母面临的状况干扰了他们自身的效能或自控能力时，这样的状况也更容易出现。

当手足之间的愤怒和冲突升级时

首先，你要觉察自己对于孩子打闹的回应。你是否无意间通过比较或批评的方式强化了他们对彼此的愤怒。然后，考虑一下每个孩子当下的处境。有没有一些特定的原因导致孩子要把怒火发到兄弟姐妹头上，也许孩子在学校里没有朋友，或本身是校园霸凌的受害者；也许他在学校课业成绩不佳并且没有安全感；或者他担心父母之间的争吵等。如果是因为这些原因的话，你可以就此和孩子谈一谈。但当你试图去调节或平衡这些纷争的时候，你也可能发现自己掉入了一个陷阱——当你试图去支持或保护一个孩子，其他孩子会更加愤怒并且攻击性更强。由于手足之争经常源于孩子们对于父母的感受，从心理医生等家庭外部成员那里获得支持会使情况有所不同。

性别差异

避免性别刻板印象，尊重孩子们的差异

父母对不同性别的感受经常会使他们对孩子们做出不同反应。最普遍的状况是，父母对自己喜欢的孩子的性别有更为积极的联想，不管是不是与父母同性别。有时候，与父母同性别的孩子会使父母回忆起过去一些充满压力的成长经历，造成父母对孩子带有性别偏见。父母们需要意识到这些感受，这样他

们就不会任凭这些情感摆布。孩子们也会识别出父母对于不同性别所作出的不同反应并模仿他们，不管这些反应是对自己产生的还是对小伙伴们产生的。

如果家里有好几个孩子，并且除了一个孩子之外其他都是女孩或男孩，那么那个孩子的性别一定会是一个议题。如果每个人都对此大做文章，这个孩子对于性别角色的认同就会被推向一个高峰——这可能会造就一个"小淑女"或者"小男子汉"。如果并没有人刻意强调这点，孩子可能会融入其他孩子当中，并且会尽可能多地内化他们身上的一些特质。当一个男孩所处的家庭都是女孩时，他会对自己"阴柔的一面"更具有意识。如果他模仿他的姐妹们，爸爸可能会表示对此难以接受，但这只会让男孩更想要认同女孩子们。而在男孩子堆里长大的女孩则更可能像个假小子。

有一位女士说："我有三个兄弟但并不了解女孩子们。邻居们的孩子也都是男孩，难怪我长成了这样！"这位女士从小就像个假小子，她成为了一名急诊科医生，并且会在搬运工到来前就自行挪走办公室里的文件柜。她的原生家庭中一共有四个孩子，她排名第二，但我很怀疑排名对她的影响远不及性别本身。

在另一方面，她的两个弟弟比她晚五年才出生，她就像是弟弟们的"小妈妈"。现在她自己有六个孩子，并且在养育孩子方面创了家族中的新纪录。看起来很可能当年她的两个弟弟教会了她如何养育与关爱孩子。当有好几个弟弟或妹妹时，竞争的感觉可能会更激烈，亲密感可能会更多地通过冲突来体验，而积极的感受则更可能被隐藏起来。

如果兄弟姐妹间的性别不同，他们的关系可能会更自在一些。孩子会更容易和自己的异性兄弟姐妹相处，他们并不会围绕着相似的角色定位展开竞争，因此会更少呈现出对彼此的威胁。异性的兄弟姐妹们会更努力认同自己的性别角色，仿佛是通过这样的方式把自己和其他孩子们区分开来，如同我们在第二章所讨论过的"补缺"效应。父母们要注意避免把异性孩子推向性别刻板印象，而是要重视他们身上本来的差异。

天才儿童

天才儿童会有怎样的体验

当家中有个"特别出色"的孩子（可能是在艺术、音乐、运动或学业上）时，这对其他兄弟姐妹会是一种怎样的体验呢？那个特别杰出的孩子会吸引大家的关注，所有人都会崇拜她。父母们会沐浴在这样一个孩子带来的荣耀中："我们从没想过我们会拥有如此聪明的孩子。她的才能是遗传了谁呢？肯定不是我的！"

每个人都会把这个孩子视作奇迹，并且难以像对待其他孩子那样对待她。如果他们对待她的方式与对待其他孩子的方式并无二致，她也许会失去那样的奇迹光环。大人们会注意她说的每个词，并且带着敬慕之心重复那些话。她所做的一切都会得到不一样的对待。孩子自己可能会有一种不现实的感觉："我是正常人吗？他们对我到底有怎样的感受？"

这样一个孩子很可能会感觉自己需要努力活出周围人期待的样子或配得上她所拥有的特权。她也许会觉得自己无法向父母寻求指导或者无法对他们袒露自己内心的软弱时刻。当她这么做的时候，父母的反应仿佛是她应该比成年人知道得更多。当她犯错或者表现不佳时，所有人都会对此表示惊讶和失望，而她也会觉得如此羞耻。成为一个"特别的孩子"并不容易，生活在无形的聚光灯下，这样的孩子不允许玩耍、犯错或表现平平。

成为"特别的孩子"是种压力，在这种压力下，孩子可能会成为一个完美主义者，让自己承受更多的压力。同龄伙伴可能会嫉妒或敬畏她，或者两者兼有。他们可能会避开她或以特殊的方式对待她，这使得正常的友谊变得遥不可及。你来我往的友谊对于格外杰出的孩子而言是稀有的体验，她可能会更孤独。

当天才儿童把成年人对待自己和其他兄弟姐妹的方式做比较，她可能会觉得不自在："这让我感到好笑。"在另一方面，成为特别的那一个也是令人兴奋的。当其他兄弟姐妹可以被自己轻易超越时，需要大量的自我控制才能不去凌驾于他们之上。但兄弟姐妹们的存在也使天才儿童有机会体验渴望已久的感觉："只是做个普通人。"

天才儿童的兄弟姐妹会有怎样的体验

天才儿童的兄弟姐妹们也势必会意识到周围人的差异化对待。他们会觉得自己要努力企及天才儿童的成就水平，但这些愿望经常伴随着某种无力感，他们的自尊会受到威胁。

父母经常迷恋于天才儿童所取得的成就，这使得其他孩子们感到被拒绝。在这种情况下，父母需要有心理准备去面对其他孩子的困顿与自我贬低，并且做出额外的努力来肯定每个孩子身上的能力。父母们需要寻找并肯定其他孩子身上的独特之处，并且允许其他孩子谈论其对于天才孩子的感受："我受够了听你们说她有多么出色，这让我感觉自己一无是处。"

这时，父母可以邀请孩子说出更多的负面感受，而不是通过匆忙肯定他们的方式将负面情绪掩盖。然后，父母可以鼓励他们描述一些自己感觉骄傲的特质，比如可以和他人做好朋友、坚毅、忍耐，以及他们各自在学业、运动或艺术方面的表现。帮助孩子们不带傲慢地发现自己的天赋所在，是爸爸妈妈能做的最重要的工作之一。除此以外，还要给不同孩子提供发展自身天赋所需要的支持与资源。

天才儿童格外需要管教

管教天才孩子与其他孩子的方式也是有所不同的。对一些天才孩子而言，管教几乎是不存在的，周围人会期待这些孩子自己识别和设置限制与边界。这种特殊待遇对一个孩子而言意味着什么呢？这会使她仿佛提前长大成人，无法拥有身为一个孩子的体验。没有人觉得她的玩耍是平常的，或者像其他孩子那样需要帮助。如果没人能提供管教所带来的安全感，不被管教的孩子感觉自己是不被爱的。

我们不能忽略每个孩子的管教需求。天才儿童的兄弟姐妹们可能会说："但妈妈，你让天才小姐做了这个事情，那不公平。"这时你可以向其他孩子保证，"天才小姐"也有管教规则，并且他和"天才小姐"都需要学习如何自我管教。

对天才儿童而言，家庭团圆的时刻是非常重要的。一起吃饭和一起玩耍变得越发重要。天才儿童需要被家人环绕的感觉，这些时刻让她感觉自己"和别人是一样的"——她会尽量寻找到这种感觉。而兄弟姐妹们也会经由这样的时刻体验到平等对待。

礼物

大宝生日时，要给二宝也准备礼物吗

"当每个人都在给我们1岁的孩子送生日礼物时，我是否应该给家里的老大也准备礼物呢？"父母们经常有这样的疑问。

给一个孩子送礼物仿佛是从另一个孩子那里拿走了些什么。那么在生日或其他一些特别的场合,父母们需要给其他的兄弟姐妹们一些小小的礼物聊表心意吗?

当一个孩子收到了许多礼物,另一些孩子会对此表示嫉妒,父母们可能会感觉自己需要去安抚那些情绪。但是对于被祝福的孩子而言,父母对其他孩子有所表示又似乎剥夺了她期待从庆祝中获得的特殊地位。这些都是意料之中的反应,而父母们也可以做好充分准备来对此做出回应。

对年龄比较小的孩子(3 ~ 4岁以内),小礼物可以使他不去破坏其他兄弟姐妹的特别庆祝活动,例如生日派对。也许过生日的孩子可以参与到给其他孩子挑选礼物的过程中。爸爸妈妈则可以告诉其他孩子:"姐姐知道那对她而言会是很特别的一天,而她想和你分享这些。她买了这个礼物给你。"

但是当孩子们年龄更大时,这样的场合对他们而言是学习如何后退一步,将聚光灯留给其他兄弟姐妹的时刻。当看着一个兄弟姐妹拆开所有礼物而自己两手空空时,这也是一个学习如何处理那些嫉妒与沮丧情绪的机会。

一个4岁孩子的妈妈正为即将出世的弟弟紧锣密鼓地准

备着各种物品。有朋友寄来了一大袋婴儿用品，其中有一只比婴儿体型更大的白色泰迪熊。4岁的孩子跑过去一把抓过这只熊，声称这只熊是她的，并且给小熊起名叫"白云"。她的父母已经感受到了因为新生儿而需要"抛弃"她的内疚，因此压根无法去纠正她的行为。这个孩子之前从来没要求过爸爸妈妈给自己一个泰迪熊，但她开始每天都抱着泰迪熊上床睡觉，就这样过了很多年——直到她开始上大学！幸运的是，经年累月弟弟给了她许多契机去学习分享与妥协。她的父母一直在思考，当"白云"小熊来到家里的那天，如果他们坚持让她了解她并不总是能拥有一切，这么做会不会更好？我的建议是，当时并不是一个让孩子面对这类挑战的好时机。婴儿出生时，这是一个非常特殊的场合，当较大的孩子退行到较早期的行为模式时，她更需要的是支持而不是做个好孩子的压力。

如何避免因为节日礼物产生的妒忌和不满

在诸如圣诞的节日，所有的孩子都会收到礼物。他们会比较自己的"战利品"，体验欣喜若狂的感觉或觉得自己被怠慢了。这些感受即使无法全然避免，也不需要去刻意避免，孩子们需要自己学着去处理这些体验。但这些体验有时候会让孩子们忽略了节日更为重要的意义：和家人们在一起共享时光。

无论父母多么努力，竞争与嫉妒在这些时刻都会出现一个高峰。其实父母可以让孩子们提前准备好去面对这些令人不知所措的感觉，并且提前对此进行一些讨论："每个人对圣诞节都期待了很久，而当节日真的到了的时候，他们又会感觉失望。有时候你会得到自己想要的东西，有时候则并不会。最糟糕的是，有时候其他人看起来都得到了他们想要的礼物，而你没有。这种糟糕的感觉可能会让你觉得整个节日都不那么美妙了。但这么做并不值得，是吗？"观察兄弟姐妹们如何接受属于"他们的"礼物，并且承认那些"不属于我的"礼物，这也是学习如何与他人分享并重视他人的方式。最终，我们的目标是帮助孩子发现"给予"所带来的满足感。

多子女家庭

多子女家庭中的孩子会有哪些特质

意料之中的是，生活在大家庭里的同胞手足体验和那些小家庭里同胞手足的体验是截然不同的。在一个大家庭中，第一个和最后一个孩子显然会扮演更为特别的角色。如果近距离观察的话，排行当中的孩子也会有类似的体验。性别及年龄差异，再加上气质上的区别，通常使得每个孩子都能拥有独一无二的角色，也会使兄弟姐妹们每个个体之间的关系都是独一无二的。通常，他们都需要学着相信自己，但也要学着去依靠彼此，并且同时展开许多特别的人际关系。他们会通过与他人的交往而更了解自己。

孩子们知道彼此是一个集体并且会为之骄傲。当竞争出现时，通常整个群体会一起面对它，或者这种状况会以不动声色的方式潜伏起来。但他们的集体骄傲感也经常混杂一些其他的感受："我好烦弟弟妹妹们，他们总是在附近晃来晃去，我希望可以自己待一会儿。"有的孩子更喜欢独处的感觉，而另一些孩子则很快会意识到自己更喜欢与兄弟姐妹们待在一起。在某种程度上，这取决于父母是如何处理他们之间的互动关系与个体差异的。

我们认识一位女士，她已经五十多岁了，在家中八个孩子中排名老五，是唯一一个女孩。"爸爸会确保我们每晚都会一起吃晚饭，他会在饭桌上轮流问我们这一天过得怎样。我们每个人都觉得这是和爸爸在一起的特别时刻。当我们当中一个人闯祸时，我们都会为此付出代价。如果的确是某一个孩子犯下的错误，我们所有人都会对此感到愤怒，但也只是一小会儿，因为我们也都知道这样的事情可能会发生在任何一个人身上。因此，我们最终会力挺彼此，而这是爸爸希望我们能做到的。"如今，她和她的兄弟们居住的地方都离得很近。圣诞节的时候，有超过100个孩子、孙辈与表亲们会聚集在她爸爸的住所里共同庆祝。

有时候，大家族里的某一个孩子会唤起父母自身的回忆和过往的经验，这也会成为唤起特别关注的一种方式——有利有弊。例如我的太太是家中的第三个女儿，她对于我们的第三个女儿有着密切的认同。她觉得自己知道我们的女儿在体验和思考些什么。其他的孩子也会注意到这点，并时不时大声疾呼："你对她那么特别！"尽管在我看来太太并没有以特殊的方式对待老三，但他们之间的确有特别的纽带，而这源于我太太过去的经历。

他俩格外偏爱彼此，这是怎样的关系

通常，每个孩子在家庭中都会有一个自己格外喜欢的兄弟

姐妹，并且会表现出来。有时候这取决于性别，有时候取决于气质类型，有时候取决于出生顺序。但经常，这些因素似乎都不是理由。因为一些原因而特别偏爱彼此的孩子们似乎会依靠彼此，当遇到麻烦的时候他们会首先向对方求助，并且寻求各种日常的支持。

当有一个孩子情绪特别不稳定或让其他同龄孩子们难以接受，充满关爱的大家庭中就会有其他孩子站出来填补缺失。这样的孩子通常会和自己的兄弟姐妹们有种特殊的联结，他们会对她的需求给予难以言传的理解，并且知道如何接近她。我记得有个3岁的自闭症患儿，每次爸爸妈妈带他来我办公室的时候总会带着他的某个哥哥。"有很多事情他会对哥哥做，但不会对你或者我们做。"但是在另一些情况下，这样的状况也有可能不会发生，那么问题孩子在家里也会感到孤独，就像他在同龄孩子中感到孤独一样。当一个孩子看起来总是个局外人，或者总是扮演着替罪羔羊的角色，这时父母需要为孩子寻求专业人士的帮助。

如何平息多子女家庭的手足之争

手足之争似乎会淹没在大家庭每天熙熙攘攘的生活中，但其实并没有。大家庭里的竞争可能和小家庭里的竞争一样激烈。而当孩子们纷纷站队时，这些竞争可能会更容易激化。孩子们情绪崩溃的时刻也同样具有破坏性，但当这样的竞争只发生在两个孩子之间时，其他孩子并不会对此表现出太多关注。两个孩子依旧会欺负与折磨对方，在大家庭中唤起纷争并迫使父母介入。当两个愤怒的孩子最终被制止时，父母的疲惫与超负荷也有可能会浮出水面。如果其他孩子并没有选择站边，父母可能会更容易地把争吵的孩子们分开，并且指派他们和其他哥哥姐姐一起分担家务。

多子女家庭的父母如何平息手足之争

1. 记住手足之争背后的亲密与相互依靠的感觉。

2. 留意那些较大的孩子试图模仿你照料弟弟妹妹的行为，并表扬那些行为。

3. 和每个孩子每周至少要有一段特别的独处时间，孩子可以心无旁骛地和父母中的一个"约会"。这类时间并不一定需要很长，但必须遵守承诺。

4. 规律的家庭进餐时间能使一家人在一起，让电视机远离这些珍贵的亲密时刻。

> 5. 召开家庭会议，分享各种观点、牢骚或奖励。列出家务并且让每个孩子都认领一项。当孩子们对此表示异议时，让他们自己找到公平的解决方式。"你觉得把所有的清洁工作都留给你们中的某一个人公平吗？""当玩具们被扔得到处都是时你会觉得舒服吗？"

妈妈流产

妈妈流产的消息同样是不能隐瞒的

父母通常想让孩子们没有意识到流产这件事情，使他们免于经历那些悲伤与困惑。但不同年龄阶段的孩子都会意识到"怀孕"这一事件的存在。即使父母没有明确告诉他们，年龄很小的孩子也会意识到一些不同且重要的事情正在发生。从一开始孩子会就识别出妈妈怀孕后所出现的不同行为方式，也会体验到爸爸因此而高兴的情绪。

通常，父母们已经分享过与怀孕有关的兴奋感觉："你要有个弟弟了！"或者神秘兮兮地说："你很快要有一个新的玩伴了。"整个家庭会开始迎接这个即将发生的事件。但是当孕期突然出现了一个令人失望的休止符，父母们一定会非常伤心。

孩子会感到伤心，也会感到好奇："妈妈怎么了？我们为什么不能再要一个新宝宝？"孩子表面上会认同父母的悲伤，但私底下又会有这样的疑问："是我导致的吗？是不是我做了什么事情让宝宝不见了？是不是我不想再要一个宝宝的秘密愿望成真了？"

当一个孩子感觉自己需要对这一事件负责的时候，她可能会表现得特别"乖"。当父母对失去的小生命感觉悲伤，她可能会表现得"太过良好"，仿佛要等父母恢复过来才允许自己崩溃。也有可能她会表现得特别糟糕，仿佛在试探悲伤的父母是否可以在失去小宝宝的同时容忍她，也仿佛是在促使他们恢复原来的样子，并且在情感上再次对她有求必应。

孩子对此反应的深度和长度取决于实际经历的孕期有多长、谈论胎儿的次数有多频繁，以及当父母们陷入悲伤时孩子们彼此之间是否能互相安慰。无论对父母还是对其他孩子，流产都是一种特别难以哀悼的事件，因为这种失去的严重性通常是没有被意识到的。在家庭以外，流产并不会被当成一桩大事来对待，但对家庭成员而言，对这一事件的哀悼近乎于哀悼一场死亡。

如何告诉孩子妈妈流产这件事

特别重要的是，父母需要提供简单清晰的信息说明发生了什么，并且准备好回应孩子们所提出的种种问题。父母可能会说："我有一件很难过的事情想要告诉你，我身体里的那个蛋死了，它不再长了，因此我的身体再也留不住它了。"

孩子一定会问："为什么？"你可以把你所知道的用他们所能接受的方式表达出来，或者让他们知道你也没有他们想要的所有答案。"没有人确认到底发生了什么，有时候小宝宝的身体在出生前就有些问题，因此他会活不下来。这很令人难过，但也许这总好过他生下来受苦。"

让孩子们知道他们可以提出问题，无论你是否知道答案。

有时候因为担心让你崩溃，他们可能会把问题留给自己。你可以告诉孩子们不用担心你会崩溃，大家都对此感到伤心，但你有能力让自己重新振作起来。

独生子女

独生子女面临哪些挑战

如今，很多父母意识到有一个以上的孩子会让他们付出超越自己能力的资源，而另一些在比较大的年纪生育第一个孩子的父母则无法再次怀孕。当父母双方都需要工作，或者父母一方是单独抚养孩子的，幼托费用通常会限制一个家庭孩子的数量。时至今日，还有很多父母觉得拥有一个孩子在人口已经爆棚的时代是更为正确的选择。

与此同时，父母可能也会担心这唯一的孩子，因为他们知道自己把鸡蛋都放在了一个篮子里。尽管他们对一个孩子的全心付出对这个孩子而言是种恩惠，但父母也很难做到不过度保护、不宠溺她以及不去期待她快快长大。独生子女对其父母过高期待的回应方式往往是在同龄人中表现更出色。但由于没有其他兄弟姐妹来分担这样的压力，孩子可能也会经历不知所措的阶段，或者变得叛逆。

独生子女的父母可以有意识地避免对孩子的过度表扬和过度保护，可以寻找契机帮助孩子学会自力更生。管教是必需的，这对于独生子女而言也会带来安全感。独生子女有时候会要求爸爸妈妈再生一个孩子成为自己的玩伴，她可能会想象自己成为"宝宝"的大姐姐。相应地，父母可以寻找到其他方式向孩子展示如何与他人分享玩具与父母的关注，并且学习如何成为一个大家庭中的一分子。

约小朋友一起玩、去其他亲戚家以及上幼儿园的体验都会使独生子女有机会学习与他人分享玩具和交朋友。孤独感也可能成为强有力的动力，促使她去学习更多新的社交技能。当孩子没有日常机会去照顾到兄弟姐妹们的需求时，父母可以向她示范如何做一个慷慨的人，并且给他提供机会去探索"给予"所带来的成就感。

养育独生子女

1. 探索并且重视孩子的独特气质与个体差异。

2. 不要试图去改变她或逼她变得完美。

3. 避免过度表扬孩子，让她学会如何自我肯定。

4. 不要过度保护独生子女。

5. 当她的新能力逐渐发展起来，她会开始产生新的需求，这时应允许她逐步接触新的人与事以适应那些需求。

6. 和其他父母一起讨论养育独生子女的建议，并且审视自己对孩子的期待。

7. 增进孩子与他人的友谊，规律地约别的孩子一起玩。在孩子去一个新的学校之前就让她和未来班上的孩子约玩，帮助他们寻找到彼此都喜欢的活动。拥有好朋友对独生子女而言尤为重要。

8. 有可能的话，让孩子认识她的亲戚，或者你最要好朋友的孩子，以此使她感觉自己是属于某个大家族或者社区的。

独生子女的父母需要认真对待帮助孩子社会化这一任务。寻找一个和自己的孩子气质类型接近的孩子，然后和她建立起良好的关系，带他们一起出去玩，例如去博物馆和游乐场。在朋友来家里拜访之前，和孩子共同决定哪些玩具是可以拿出来一起玩的。为了让孩子和玩伴相处愉快，可以事先讨论一下分享的规则。对独生子女来说，拥有朋友非常重要。有自己的朋友可以使独生子女适应集体，例如学校，并且容易被其他同龄孩子接受。

当父母自己是独生子女，他们可能会说："我是独生子女，因此我从没有机会了解如何活得像其他孩子一样。"或者当他们开始上学了，他们才会意识到自己和别人都是差不多的。独生子女需要接纳他们的朋友。当父母自身的成长经历使他们能够理解独生子女面临的挑战时，他们就更能帮助孩子学习如何与他人共处，就像他们自己曾经历过的那样。

与性有关的探索

有关性，在何时告诉他们何种信息

在年幼的兄弟姐妹中，与性有关的探索与玩闹是普遍的。

当他们还是婴儿和学步儿的时候会在一起洗澡,孩子们一定会看到和触碰彼此的生殖器。在三四岁以前,他们的兴趣很快会转向打水仗和在浴缸里玩小船。3岁的孩子喜欢问:"为什么?"——也许问的过程本身比答案更令他们喜欢。"为什么他有那个,而我没有?"你也许可以试试罗杰斯先生的回答:"男孩子的外面比较精彩,女孩子的里面比较精彩。""他嘘嘘的地方为什么会立起来?"你也许可以回答:"这个部位很敏感,有时候当感觉到周围不一样的时候它会立起来,或者当它感到舒服的时候。"观察孩子的面部表情以判断你的回答是否超越了他们所能接受的范围。当他们不能再接收更多信息的时候,眼神会变得呆滞,并且会转向自己的玩具。

当他们年纪更大一些,这方面的探索可能会占据他们更多更浓厚的关注。在四五岁的时候,孩子们开始对差异变得敏感,并且会想要理解那些差异。这个年纪的孩子一定会体验彼此的身体,并且用"医生游戏"的方式去触碰彼此的私密部位。当他们提出的问题越是能够得到父母开放的回应,父母也会越自在地去回应那些问题,而孩子们通过实际体验去搞明白这些事情的可能性也会降低。父母对此要做好心理准备。

到了这个年纪，他们可能已经准备好分开洗澡，并且建立起隐私概念。"你的身体是特别的，他的也是。你的身体只有你自己能触摸，他的身体也只有他自己能触摸。"当这个年纪的兄弟姐妹们开始表现出对于"医生游戏"的偏好，父母就可以给他们介绍更多活动以转移注意力，包括更多地在公共场合进行的活动——户外的，或者能在客厅、厨房玩的游戏。到了六七岁的时候，大部分孩子都不再有兴趣和兄弟姐妹玩与性有关的游戏，并且通常会觉得这些事情"恶心"。

出现什么情况时父母需要特别留心了

通常，发生在两个年纪较小的兄弟姐妹之间的与性有关的探索或玩耍，需要各方都有着平等的参与意愿。当两个孩子之间的年龄相差4岁甚至更多，这样的共同意愿是不存在的，因为他们的需求和理解方式都会截然不同。年龄较小的孩子很容易被胁迫，或者因为崇拜或理想化某个年长的孩子而准备好答应所有条件。即使在年龄差距较小的组合中，如果有胁迫迹象，这样与性有关的游戏就需要被立刻制止。

与性有关的探索游戏是一个孩子用来了解自己和他人身体

的途径。但通过游戏，也有许多其他东西是需要孩子去探索和学习的。当与性有关的游戏成为了常规活动，或者占据了大部分兄弟姐妹之间的游戏时间，父母就需要及时进行干预，引导他们去进行其他活动，或者当他们一起玩的时候作为父母能更多地给予回应，这些都会有所帮助。如果他们是偷偷地在玩和性有关的游戏，那可能是因为他们感觉内疚。你也可以思考为什么孩子会玩那么多与性有关的游戏，有可能是因为他们觉得无聊，这时他们需要其他刺激或者更多的引导。

发生在年幼兄弟姐妹之间的与性有关的探索游戏看起来是充满孩子气的。他们可能会观察和触碰，但在这样的互动中他们像成年人一样使用嘴和生殖器，那很可能是他们自身的性欲受到了成年人的干扰。当孩子与性有关的玩耍呈现出一些专属于成年人的性行为时，有可能孩子接触过一些色情内容，或者目击过发生性行为的成年人，甚至有可能被成年人或更年长的孩子性侵犯过。当孩子的行为发生变化时，一些典型信号也意味着性侵可能发生过，例如在上厕所时、洗澡时、换衣服时或睡觉时呈现出极大的情绪压力，或者经常自慰或沉浸于性的感觉之中。如果对孩子与性有关的行为感到困扰，可以和儿科医生进行讨论。医生会帮助判断是否有必要进行专门的评估与治疗，并且如果确有需要的话，会帮助转介至相关的精神卫生专业人士那里。

共享房间与空间

私密空间与独处时间对孩子同样重要

孩子们是否要共享房间取决于必要性。在不同文化中，孩子们有时会和彼此共享房间，有时也会共享一张床。这使得他们之间的亲密与竞争都会更激烈，而他们也会更开放地去面对更具张力的关系。如果每个孩子都能拥有一间自己的房间，这是非常幸运的事情，但这点并不总是能做到的。但当青春期到来时，我们主张不同性别的孩子分开房间。

当第二个孩子出生时，最好把婴儿留在父母的房间，直到他学会睡整夜。日后，如果有一个孩子经常夜间醒来并影响到其他孩子，你也许可以考虑让已经能够稳定睡整夜的孩子到你房间里来自己睡。用这样的方式，另一个孩子夜间醒来时也可以学习如何使自己重新入睡，且不会吵醒自己的室友。但是要确保他们彼此都不会把这样的分离视作惩罚。

共享房间的孩子有更多机会学习分享、尊重与亲密

如果有可能的话，尽量确保每个孩子都有一个隐私空间或独处时间。这样的私人时光，不仅对于孩子们尊重彼此的身体边界非常重要，也是在释放情绪中的压力，使每个孩子都能从与其他兄弟姐妹共处一个屋檐下的压力中解放一会儿。私密的空间能帮助孩子在控制自己强烈的情感和冲动方面寻找到平衡。即使是共享一个卧室，每个孩子都可以有她自己的一个小空间，例如她的书架或衣柜，用于摆放玩具和贵重物品。从天花板垂挂一条床单或窗帘，可以划分出一些私密区域给孩子。当孩子们长大到能够安全睡双层床的时候，这也是一种使他们感到亲密同时保持独立的好方法，并且也能在共用的房间里腾出更多私密地盘。

共享房间的孩子有更多机会学习分享、尊重与亲密，还不错吧？

很多成年人对于共享房间甚至共用床都有着美好回忆。夜间是分享秘密的珍贵时机。有一对兄弟，他们现在已经成为各

自家庭中的中流砥柱，他们曾经共享一张床直到青春期，而大哥则被送去了寄宿学校。他们都很怀念那种亲密感，并且试图温暖彼此。除了无法给孩子们提供自己的独立房间，他们的住所曾经连中央取暖设施也没有！现在，他们彼此的家庭也很亲近，并且会一起度假。有时候，我们会听到一些成年人回忆说自己在很大的房子里长大，但感觉孤独寂寞，甚至会迷茫失落。当他们长大成人，他们也会试图在自己的小家庭里寻找亲密感，但通常并不知道如何找寻到类似的感觉，或者如何在他们得到这些亲密感的时候去享受它。当孩子们必须要共享居住空间的时候，他们就有机会去学习分享、尊重与亲密。

家有特殊儿童

有特殊需求的孩子会使全家人围绕着他，不仅父母的生活会围绕着照顾这一孩子而展开，兄弟姐妹们也会调节自己以适应家庭的这一主要需求。如果这一孩子接受早期干预（越早越好）或其他治疗，父母们可以寻求建议与支持来帮助其他兄弟姐妹们适应。一些治疗中心会为特殊需求儿童的兄弟姐妹们组织团体小组，在这些小组中他们会发现并不只有他们自己会有那些感受：从悲伤到害怕，从苦涩到嫉妒。在这样的团体小组中，这些情感可以被大声说出来，并且也会被接纳。每个家庭都必须用他们自己的方式来面对这些挑战——但他们不需要独自面对这些，可以寻找到外部资源来帮助整个家庭。

了解特殊需求孩子的病因及症状对于缓解兄弟姐妹们的压力是非常重要的。例如当一个孩子有自闭谱系障碍时，就难以和他人建立关系。因此，兄弟姐妹们可能很难理解她，可以预见到一些沮丧的情绪会出现："她为什么不和我玩，不看我，或对我说话？我不喜欢她，我们能不能把她送走，然后再要一个新的小宝宝？"

孩子们通常敢表达一些成年人都不敢去想的问题，一个有特殊需求的孩子可能会令其他兄弟姐妹们感到尴尬，他们可能不敢把朋友们带回家。他们可能会想："如果这事情会在她身上发生，那么我身上会发生吗？我们是一家人，朋友会觉得我也是怪人。"这些评论尽管听起来令人担心，但父母准备好倾听总好过让兄弟姐妹们自己消化这些负面情绪。在充满理解与接纳的父母陪伴下，家中其他孩子需要有个渠道去抒发内心的失望与愤怒。

那些智力与社交能力正常但瘫痪的孩子，或那些有严重协调障碍的孩子（例如小儿麻痹症患者），她知道自己并没有像其他兄弟姐妹那样正常成长，这对她而言可能很难接受，而她也可能会在沮丧与愤怒的情绪中爆发。其他兄弟姐妹们可能会退缩或者隐藏起自己获得的成绩。而在另一方面，他们也可能会有动力去取得一些特别的成绩以试图取悦压力重重的父母，或者"中和"兄弟姐妹所缺失的部分。如果这种情况发生的话，让孩子们理解障碍发生的原因就很重要，并且要让他们明白也有很多技能与才华是不会被这样的病症所影响的。

父母需要帮助兄弟姐妹们理解特殊儿童背后的原因，也需要意识到健康的孩子可能会感到自责。父母能够沟通与倾听兄弟姐妹们的问题与误解，这一点非常重要。

通常，整个家庭的精力都聚集在特殊儿童的治疗上，每个人都会关注这一孩子发展过程中的每一步。"她什么时候能开口说话？我帮了她很多了。""她从不说话，妈妈不在的时候我对她大吼大叫，但她还是不说话。"在这些关注的背后隐藏着一个问题："她会变得正常吗？"一个令人难以接受的现实是，似乎能给予的所有祝福与所有努力都无法治愈这些障碍。

如果父母都沉浸在悲伤的情绪中，或者需要为有障碍的孩子提供持续照顾，那么他们是很难关照到其他孩子的需求的。其他兄弟姐妹们可能需要通过一些糟糕的行为才能唤起父母的关注。对于这个有大量需求的孩子，其他孩子可能早已积攒起了许多怒火。当一些糟糕的事情发生时，好像总希望有个人可以被怪罪："我们家里每个人都那么努力地帮助她，但她不会帮助自己，我多希望没有她，多希望我们家只是一个平常的家庭。"

孩子们可能也会责怪父母给他们的人生带来如此重担。很小的孩子需要责怪别人，而这个人可能是她的父母、其他人或者她自己。而四五岁的孩子则会把所有事情都扛在自己身上："我并不想要这个宝宝来我们家，她现在那么糟糕，这都是我的坏愿望导致的。"

很多有特殊需求儿童的兄弟姐妹们会试着把内疚转化为利他主义，他们可能会选择助人的职业，例如医学、康复师、心理工作者等，成长经历使他们知道如何帮助别人。他们也可能成为运动员或学者，这是由证明自己的需求所驱动的。整个家庭所面对的挑战可以使特殊需求孩子本人以及她的兄弟姐妹们去探索自己更深层次的力量。

重组家庭

当父母离异重组家庭时，孩子们需要进行调整以适应另一个家庭，适应新的"兄弟姐妹"们时，他们必须面对一些全新的意料之外的挫折。

"新妈妈"会面对哪些挑战

如果是父亲再婚，当需要照顾孩子的场合越来越多时，新妈妈可能会无意识地排斥父亲带来的孩子。在吃饭的时候，爸爸的孩子们可能会观察谁会坐在继母旁边，谁会从继母那里第一个得到食物。他们可能会试图讨好继母，而不是等着她来分配食物。他们可能会把很多细节看成一种信号。某种程度上他们势必会觉得与继母的亲生孩子相比，自己受到的待遇不公平，或者也有可能是和重组家庭所生的孩子相比较。相应地，他们可能会试图取悦继母，或者孤立同父异母的孩子们，批评他们并使自己和他们隔离开来。

"新爸爸"会面对哪些挑战

当继父带着孩子们进入新家庭中，妈妈的孩子们可能会表现得不同。他们可能会抗拒继父，也有可能会讨好他，但他们最终会意识到，他也需要取悦"自己的孩子"。他们可能会戏弄、打闹或者贬低新进入家庭中的孩子，而新来的孩子们也一定会还击或告密，这会使妈妈和继父都处在一个尴尬的位置上。如何处理重组家庭中兄弟姐妹们的纷争呢？

双方重组家庭交往时会面临哪些挑战

和重组家庭相处时的时机、频率及时间长度有很大的讲究。孩子和重组家庭兄弟姐妹们相处的时间越长，他们就越有可能会成为朋友。当父母们能帮助孩子们感受到他们既可以和别的孩子分享"自己"的父母，也可以与父母继续保持特殊的情感联结，这会使他们更快地和其他新的兄弟姐妹们建立起友谊。

如果这些孩子们无法相处，把他们带到一起的父母会发现自己无法把良好的愿望强加在压力重重的孩子身上。"你必须喜欢她，她现在是你的姐妹了。"这样说并不会奏效，孩子会还嘴说："不，她不是的，她永远都不是，我讨厌她。"

有些孩子可能会感觉自己无法坦诚表达那些担心失去父母一方的感受。"如果爸爸妈妈中的一个会离开我，那另一个会吗？"仿佛是为了防止这样的状况发生，孩子会尽可能压抑自己对新来的兄弟姐妹们的负面感受。有时候这样的方式是管用的，有时候并不管用。她也有可能因为失去原有的家庭后不得不融入眼前的家庭而感受到额外的愤怒："我从来没想过再要一个不是亲生的哥哥，这不公平，我不喜欢他，我讨厌爸爸妈妈逼迫我做这些事情。"她会考虑如何在没有人察觉的前提下报复自己的新兄弟姐妹、继父母或亲生父母。她也有可能用一些神不知鬼不觉的方式来纾解自己的负面情绪。

当父母和继父母共同养育了一个亲生孩子，所有的事情看上去都会变得不同。新出生的婴儿会成为父母对这段新婚姻关系的承诺；与此同时，其他孩子们可能感觉他们仿佛代表着过去的那些错误，需要像那段婚姻一样被放弃。从离异家庭中走出来的孩子们会意识到自己在一个更脆弱的位置上。他们会和新出生的孩子竞争，也有可能压根不敢那么做。愤恨一定会削弱他们对于新生婴儿的接受度。我建议父母们做好准备迎接这些感受，并且允许孩子们说出那些感受。他们也需要倾听孩子们的隐忧："我是不是再一次失去了爸爸妈妈？我是不是要足够完美才能像小婴儿那样被疼爱？"

孩子将新家庭与原来的家庭作比较时，要干涉吗

重组家庭的兄弟姐妹们之间会本能地和彼此比较他们的家庭。"我妈妈对我特别宽松，你一定要看看，她从来不会逼我晚上早点睡觉，根本不像你在你家里那样。我真希望自己不用到你们家里来和你们住在一起。""每当我想和妈妈待一会儿的时候继父总是在那里。他的那些小孩子们都太烦人了，我不得不帮着一起照顾，我真的很讨厌那样。"孩子们脑海中的那些比较一定会给兄弟姐妹们之间的关系带来各种影响，他们会把这些比较都放在桌面上。

父母能怎么做呢？不要试图改变孩子的感受。当他们把这些感受表达出来时，已经在尝试着适应这一新的现实。你要让

他们知道你随时准备倾听，并且知道这对他们而言有多不容易，这样的态度已经能帮助他们了。当然，这对于刚刚结束一段婚姻的父母而言并不容易，这种时刻通常更需要把一切事情都抛在脑后。但如果你不能真的这么做，你的孩子也不能。他们一定会把过去的家庭和新组建的家庭作比较，这是他们试图去了解和接受生活重大改变的方式。

如何培养亲生和非亲生子女间的亲密感

当一些事件发生时，大家的关注会集中到一个孩子身上，例如生日或特别的演出，这些情况下与竞争有关的情感就会出现，这在重组家庭中甚至更明显。当孩子去探视平时并不居住在一起的父亲或母亲时，家中或某个孩子身上的冲突与压力也一定会加剧孩子们互相之间那种愤怒而充满竞争性的情感。

当一些事与愿违的事情发生时，这对一些孩子而言仿佛是某种惩罚。孩子们经常会感觉自己需要对父母的离异负责。而现在，为了使自己免受内疚的折磨，她可以通过怪罪到继父母或新兄弟姐妹们的头上来保护自己。

生活在重组家庭中并不是一件容易的事，每个人都有其脆弱的部分。当父母越是能够坦诚面对自己对于亲生孩子和对方孩子的感受，他们就越能够有效地对不同孩子做出回应。重组家庭的父母们经常觉得他们必须对亲生孩子与继子继女有完全相同的感受，但事实上他们并不会。通过和彼此分享对于不同孩子的感受，重组家庭中的父母就可以彼此支持，并且努力用公平和理解的态度去对待孩子们。

继父母不是并且也不会和亲生父母完全一样，他们不需要拼命去假装自己可以做到那样，这只会越发强化依恋关系中的差异。"我爱你并且非常在乎你，但我是你的继父，不是你的亲生父亲。你有自己的爸爸，就像我的孩子们有我这个亲生父亲一样。你们这些孩子都可以和彼此一起努力面对那些冲突。你们并不一定要爱彼此，但必须和彼此相处。"

如果父母们坚定希望孩子们可以学着和彼此相处，这样的期待是有用的。如果父母们选择站边，比如保护他们自己的孩子，那么这样更可能激化孩子们之间的竞争与欺凌。继父母通常需要把涉及某个孩子的界限、管教和重大决定等问题留给住在一起的对方的亲生父母去处理。

促进重组家庭中兄弟姐妹之间的紧密关系

·表达出你希望他们学习如何与彼此相处的愿望，并且他们并不必须要爱彼此。

·向继子继女保证你并不打算取代他们的亲生父母，但你是在乎他们的。

·允许他们对于自己新的兄弟姐妹们有不一样的情感。

·如果父亲或母亲只给自己的亲生孩子买了礼物，这会唤起其他孩子的嫉妒。这是意料之中的，但不用过犹不及地试图去弥补些什么。

·父母双方（无论是否和孩子长期居住在一起）需要尽可能在一些方面和对方达成共识，例如管教与养育目标、可预期的挑战如入睡时间，以及送礼等势必会唤起嫉妒的事件。如果父母之间还有过去遗留至今的怒气，这样的沟通可能会比较困难，但这对于孩子适应新的人际关系与新的家庭会有很大帮助，使孩子从一个地方搬到另一个地方居住时能过渡得更顺利一些。

·尽可能让异性孩子分房睡，通常父母两边的孩子会想要单独和自己的亲生兄弟姐妹们睡一个房间。如果可能的话可以先试试那么做，直到他们更了解彼此并且学会了如何关心彼此。然后，他们可能就会准备好和新的兄弟姐妹们分享房间了。在此之前别急着去阻断孩子们小团体之间的特殊亲密关系。

当孩子尝试着调节适应新的重组家庭时，他们一定会试图联合父母一方去抵制另一方，甚至会利用父母对其他孩子的感受来达到这样的目的。如果你可以看穿这些而不是去回应他们，你就可以帮助孩子面对其愤怒感受，并且开始和新的重组家庭建立起关系。

领养

决定领养孩子的父母肯定有着极为强大的动力。这些动力是需要被理解的，因为它们势必会影响整个家庭进行与领养有关的调整。

许多决定领养孩子的父母需要处理那些在生育检查过程中、做人工试管过程中及其他一些状况发生时所不得不面临的怀疑与痛苦，也包括领养过程中所经历的那些。等过了一段时间，当领养的孩子走上正轨，并且父母也成功地和孩子建立起了亲密关系，这些感受才会消失。但是当父母的努力付诸东流或者收效甚微，或者孩子正经历"触点"（在取得新的发展前暂时退步），他们会再次体验到那种充满了怀疑与担心的脆弱。而其他孩子们会意识到父母们的忧心忡忡❶。

当领养家庭的父母预期到儿童期那些不可改变的、正常的挑战和各种退行时，他们就不会因此而太过困扰（尽管他们依旧想要知道有没有一些其他原因）。不然的话，他们的焦虑甚至挫败感很可能会影响到整个家庭。兄弟姐妹们会感受到父母们对于被领养孩子的担心，而这也会反过来影响他们看待这个孩子的方式。

对亲生和领养孩子有不同的情感很正常

当领养孩子的父母有自己的亲生孩子时，他们可能会发现自己对于亲生孩子和领养孩子有着不同的感受。在处理手足之争时，他们会需要去面对这些情感上的反应。对于被领养的孩子，父母意识到对他的那些潜在的情感是令人痛苦的，例如：

---

❶ 在第三章中，我们会用"她"指代年龄较大的孩子，用"他"指代年龄较小的孩子。

"他是外人，我的孩子是第一位的。"当父母意识到自己对被领养孩子的态度如此不同时，他们可能会觉得自己需要压抑这样的情感。尽管孩子们都需要被公平对待，但不同的反应模式总是会出现，必须正视。

你当然会有不同的感受。每个孩子都会对父母产生不同方面的影响，无论是亲生的还是领养的。你可以用相似的方式去对待他们吗？也许不行。就算你自己隐藏这些情绪，孩子们依旧会体验到的。他们会意识到你企图去进行弥补——要么就是对领养来的孩子特别好，要么就是忽略亲生孩子们的感受。

当一个家庭里的孩子是从不同的父母那里领养来的，孩子们可能会一遍又一遍地问到他们的亲生父母。但在头几年的时候他们对此并不会真的很关注。但是到了四五岁的时候，孩子们开始意识到这些，并且可能就这些差异或领养之事彼此嘲笑。但因为每个孩子都会在某些方面与他人不同，这样的嘲弄并不会持续太久。相应地，当他们了解到彼此对待嘲弄的反应时，他们就有机会更好地保护彼此，并且接受彼此身上的差异。

对父母而言，真正的困难是使他们的反应与每个孩子的需求相匹配。这并不容易。为了做到这点，他们需要考虑每个孩

子的先天气质、年龄、行为，而对于那些在婴儿期以后被收养
的孩子而言，早期的养育经历也需要考虑。

如何让孩子们准备好接受领养

在新的家庭成员被领养前，家庭中原有的孩子们需要有
人帮助他们理解这个决定。首先，需要很清楚地表明这是爸
爸妈妈的决定，而不是他们的决定。他们无需对此负责，即
使他们有向父母祈求过想要个弟弟或妹妹。不然的话，他们
以后可能会发现一些其他的感受——那些充满了抗拒与嫉妒
的感受。他们可能会对此感到困惑，甚至怀疑他们是否能够
"放弃领养"。

相应地，在领养发生前，孩子们需要有机会去意识到和分
享他们的感受——兴奋、漠不关心、不确定、渴望与恐惧。领
养一个弟弟妹妹当然感觉像是被入侵似的。如果这些顾虑可以
事先说出来，孩子们就不太会用令自己日后后悔的方式将它们
表现出来。

孩子对于领养会产生哪些恐惧

和他们的父母一样，孩子们也会感觉自己必须照顾和帮助

"这个没有爸爸妈妈的孩子",或者一个"与众不同"或有某种特殊需求的孩子。他们一定会害怕自己像被领养的孩子那样失去爸爸妈妈,或者当那个孩子有残障状况时,担心自己也会受到某种伤害。他们甚至会觉得这是父母要把他们送给别人领养前的"预演"。当一个孩子听说别人的妈妈"放弃"了自己的小宝宝,她怎会不担心自己也被作为领养儿童去进行"交换"呢?现在她真的会扼杀自己的嫉妒心并且变得"格外乖巧"。

对老大而言,适应一个被领养的孩子与适应家庭中新出生的小婴儿是不同的。新生儿是脆弱的,并且需要特殊照顾。但是被领养的孩子自带一些与身世有关的故事,那里面总是带有失去或抛弃色彩。把这样一个孩子带进家庭,需要家里原来的孩子们几乎承担起父母般的角色。领养这个行为本身似乎就在表达"来帮助我们照顾这个特殊的孩子吧"。但是需要有人告诉其他孩子事情并不会一直如此。

在领养前,怎样跟亲生孩子沟通

领养有多种不同的类型,例如,开放式领养、领养两个或更多相同背景的孩子、跨文化领养或者领养一个已确定或疑似有特殊需求的孩子。这些都需要父母用孩子能够理解的方式事先与其沟通。

他们需要理解另一个孩子的力量与脆弱，他们能够怎样帮助那个孩子，帮助的界限在哪里。他们需要知道，当他们感觉自己无法照顾这个孩子时，爸爸妈妈才是需要承担这一责任的人，他们无需对此负有过多的责任。沟通的目的是为了帮助他们意识到领养所存在的挑战及其中的收获，同时给他们留出空间表达担忧，并允许他们继续过自己的生活——这是一条重要的分界线！

帮助亲生孩子理解领养孩子的脆弱

当一个被领养的孩子为家庭事务而饱受压力，包括需要处理和其他兄弟姐妹间的棘手关系，或者前进道路上可预计的各种触点，他很可能会退回到早期的记忆及行为模式。这个孩子可能会崩溃，或者变得很暴力而失控，这是因为他重现了自己过去的一些记忆。他一定会做出最糟糕的举动来试探自己最深层次的恐惧：他会觉得自己"坏"到没有任何一个家庭想要接纳他。他甚至会用破坏性的行为来把新的养父母逼到墙角，面对他们内心真实的问题："你真的会像喜欢你'自己的'孩子那样喜欢我吗？"这种脆弱使得其他兄弟姐妹更难理解他，而这些理解也变得更加重要。

每当出现家庭危机，甚至经历发展触点时，相似的问题一定会再次出现在父母面前："我们当时应该这么做吗？他们总是在打闹。我们这么做对自己的亲生孩子而言公平吗？"如果要帮助其他孩子理解被领养孩子的退行，父母们首先需要解决自己内心的这些疑问。

父母们可以帮助其他孩子理解被领养孩子的行为，例如可以说："当他记起来到我们家之前的那些经历时，他会变得害怕和不安。现在他和我们在一起感到安全，他终于能够表达出那些感觉和恐惧，这就是为什么他会在夜里尖叫，或者看上去在欺负你。"

在做出任何假设之前，先试着倾听孩子们对被领养孩子行为的反应或困惑。这些都会引领你更好地帮助他们理解和接受新来的孩子。当你能接纳他们的恐惧与抗议时，对他们而言你也很好地示范了何为"忍耐"。

亲生孩子与领养孩子发生冲突时

当把被领养的孩子带回家时，这很可能会激发起亲生孩子的一系列问题："我真的是爸爸妈妈的孩子吗？难道我也是领养来的吗？我最好乖一点，不然他们会把我丢掉的。为什么我没有好好取悦他们？"

在一些危机时刻，例如情绪崩溃、兄弟姐妹之间吵架或被领养孩子的发展面临触点而退行时，其他孩子可能会感觉自己有义务安抚他们或为此承担责任，但长此以往会使他们付出代价。另一个风险是，他们可能会情绪爆发并说出一些充满憎恨的话语，但事后又会对此后悔不已。这些话会确认被领养孩子内心那些最糟糕的恐惧。但也有一些时候，哥哥姐姐们有能力缓和这种局面。

当你越鼓励被领养孩子的兄弟姐妹们对你敞开心扉，他们就越能轻松度过这样一个阶段。你要让他们看到，那些嫉妒和竞争情感是自然的、不可避免的。"他这样当然会使你抓狂，他那么小还挡着你的路。作为姐姐你知道如何给他点颜色瞧瞧，但当你那么做的时候你也会感觉很糟糕，因为他是你的弟弟！"家里也一定会出现这样的试探："我讨厌那个孩子，你干嘛把他带来？你可以把他送回去吗？"同时，父母们还需要注意这些常见但隐蔽的问题："我一定要喜欢他吗？你总是让我要照顾他。那我呢？"

或早或晚，亲生孩子会去戏弄被领养的孩子："你是被领

养的，我不是。"父母千万不要对此反应过度。相应地，应做
好准备面对领养给亲生孩子带来的所有感受。如果和每个孩
子都能有常规的一对一聊天时间，这会给他们所有人带来帮助：
无论是亲生的还是领养的，他们都可以带着那些感觉和彼此生
活在一起。你无法逼迫他们关爱彼此。但如果你珍惜他们所有
的感受，即使是那些负面的感受，他们更有可能在心中为那些
积极的感受寻找到位置。

跨种族或跨文化领养

在四五岁的时候，孩子们开始对差异变得敏感。在这个年
龄，他们并不知道自己对他人来说意味着什么。当他们对此有
疑惑时，有时候会爆发出这样的言论："你看上去不一样，你
压根就不是美国人。"

这时父母很想冲过去帮忙，但不要这么做。你需要让每个
孩子知道你不会容忍伤害他人的戏弄。然后，鼓励每个孩子就
他们所观察到的差异问问题。如果被领养的孩子来自不同的种
族和文化，要确保他所遇到的大孩子和成年人当中有些和他一
样，并且他可以去崇拜他们。他可能很需要他们去完成认同并
且平衡自己那些与兄弟姐妹"有所差异"的感觉。

孩子们对于被领养孩子的文化背景可能并不会像父母们那么在乎："你总是在说他的文化和他的问题，那我的呢？"我们的长期目标是对每个孩子都有所承诺，但让孩子们各自拥有独立的生活以平衡对彼此的关爱是达成这一目标最有效的途径。就像在非领养家庭中那样，竞争与了解总是齐头并进的，这两种状况对于发展充满关爱的关系总是有必要的。

被领养的孩子需要得到你的帮助来处理那些对于兄弟姐妹的负面情绪："他们好幸运。他们永远不会像对待彼此那样接受我或爱我。他们不可能真的想和我在一起，即使我没有'真正的'家庭。如果我不在这个家里的话，姐姐可能会更快乐，她真的很可怜我。"当被领养的孩子有不止一个兄弟姐妹时，他可能会感觉被排除在外："我好希望他们能像和彼此玩耍一样地来和我玩，为什么他们不会像彼此做的那样和我一起躺在地板上？我真希望自己是他们当中的一分子。会有那一天吗？"他一定会有类似的感受，甚至还不止这些。当一个被领养的孩子拥有这些体验时，这对他而言是多么难以表达啊！

对于被领养孩子的父母而言，厘清兄弟姐妹间的关系时会有一项额外的任务：孩子们都会以你为榜样学习到如何关爱彼此。当你能对每一个个体都深切表达公平、尊重和关爱时，这也为孩子们定下了关系的基调——无论他们是亲生的还是领养的。这并不容易，别让这一路上不可避免的小问题而前功尽弃。

双胞胎与多胞胎

他们角色完美互补，如拼图般契合

双胞胎和多胞胎之间那种紧密的组带经常会令父母惊讶，他们可能会觉得孩子彼此之间会充满竞争，但他们最终会惊叹于孩子们互相之间的"填空"效应，或者说扮演的角色有多么不同。一个孩子可能是活跃和外向的，而另一个孩子可能是一个安静敏感的观察者。

即使是同卵双胞胎也有可能具有这些相反的个性，他们从来不会在行为上如出一辙。他们仿佛如同两块拼图般契合着对方的角色。当一个孩子有所表现的时候，另一个孩子要么仔细观察，要么与其同胞的步调匹配。

他们轮流引领，带领彼此实现"跨越式"学习

双胞胎似乎会轮流扮演主导角色。当一个孩子更擅长肢体活

动，那这个孩子在双方都要发展运动技能的第一年就会扮演主导角色。那么不占据主导角色的孩子会观察再观察另一个孩子的动作，并且模仿，她似乎能通过视觉从肢体运动更活跃的那一方身上学到些什么，而另一个孩子的确是把动作分步骤完成的。

当他们进入下一个成长阶段，双胞胎可能会轮流引领学习的过程。活跃的孩子不断练习新的运动技能，例如学习站立与行走，不断站起、坐下，学习用一只手撑住椅子以保持平衡等。经过一个多月的练习后，她最终勇敢地撒手向前行走了。她蹒跚着穿越整个房间，有时候一屁股坐在地上，而当她能够自如地走几步的时候，她的脸上会出现胜利的神情。

与此同时，双胞胎中的那个观察者一直观望着同胞手足的努力。她会咿咿呀呀地鼓励那个孩子，并且为姐姐掌握的新技能而感到高兴，仿佛那也是她自己的成就。在接下来的几天中，她如饥似渴地看着姐姐越发熟练地掌握这项新技能，仿佛可以从观察中就能掌握这项新技能，作为观察者她会把这些动作组合到一起，某天突然扶着一把椅子站起来，松开手，然后蹒跚穿越整个房间———一气呵成，而在这之前她几乎没有练习过！那个活跃的、扮演小老师角色的双胞胎会看向她并发出赞许的笑声。他们会走向彼此并相拥倒下，就像他们晚上一起睡觉时那样，他们的手臂会环绕彼此，触碰着对方的腹部或者屁股。

当他们成长到第二年，语言开始变得越发重要，那个更安静的孩子可能会开始占上风。她的语言能力会得到许多肯定，而她也会带领着她的同胞手足直接进入说句子的阶段——如同过去，另一个孩子让她直接学会了走路一样。语言能力相对较弱的那个孩子是通过一整个意群学习说话的，而不是通过单个词汇，她模仿的是另一个孩子所发现的把词汇组合在一起的方式。当一个孩子越是能够把词汇组合在一起，例如"妈妈，回家"，另一个孩子就越有兴趣聆听，并且试图模仿。这种主导地位的更替似乎提供了一种安全的方式，使他们更能平等依靠彼此，并且能增进他们之间的深厚关系。

在语言发展方面，我从一对2岁大的日本双胞胎身上看到了许多，那是一对安静温和的小女孩。当她的妈妈向我诉说她的困扰时，我感到很惊讶，她说她无法让任何一个婴儿照看人员再为他们提供第二次服务。我建议她在出门前暗中观察一下，看看孩子们究竟为何那么"难以搞定"。第二天她打电话给我说："当我离开后他们彼此之间开始启用一种全新的语言，一半是日语，一半是英语。没有人能听懂他们在说什么，别人当然会感觉被排挤！"这些安静的小女孩针对他们关系中的

"外来入侵者"建立起了自己的壁垒。

他们之间拥有特殊的亲密感

双胞胎或多胞胎彼此之间的情感联结如此紧密，以至于使周围的其他孩子产生各种嫉妒。其他兄弟姐妹们会试图从身体或情感层面把双胞胎分开，如果做不到的话，其他孩子就会抱怨："又是双胞胎！他们一定要一起做所有事情。如果我想和其中一个玩耍，我就不得不和两个人都玩耍。"当父母们察觉到这种紧密的情感时，可能无法言说甚至都没有意识到那种被排斥在外的情感，"我晚上应该让他们分房睡吗？也许他们太亲密了，太依靠彼此了。"

双胞胎和多胞胎之间的情感纽带似乎比其他人所经历过的任何情感都来得深，也难怪许多权威人士（老师或另一些成年人）总是试图要把他们分开。但为什么双胞胎和多胞胎不能总是黏在一起呢？

分离的时候到了吗

当双胞胎开始上学时，父母们可能会感觉他们需要待在不同班级里，拥有不同的朋友。这是父母们担心他们的感情过于紧密，还是父母在无意识地和孩子竞争这种亲密感呢？我的回答会以问题的方式呈现："孩子们准备好分离了吗？"在他们真的准备好之前，我们为何非要分开他们不可呢？他们依靠着彼此，也从彼此身上学到那么多东西，这是多么令人羡慕而安全的关系啊！为什么有人会想要改变这种状态呢？

最终，他们会想要分开的，但至少要到四五岁的时候。这时，他们很可能会开始想要自己的朋友、自己的衣服，是时候去支持他们一些想要强调自己与众不同的愿望。这样的变化并不容易。他们很可能会试图拥有分开独立的友谊对象，但在面对压力的时候，他们依旧会转向彼此。我曾见过5岁大的双胞胎抱怨无法和同胞手足玩耍，当双胞胎中的一方受到了伤害，另一方也会映射那些痛苦，他们依旧是心连心的。

有一次，一个6岁的孩子担心自己的双胞胎姐姐一整天，因为她没去上学，原因在所有人看来只是一场小小的感冒而已。他乞求学校老师打电话给妈妈："我很担心安妮。"那天下午，妈妈带着他的双胞胎姐姐去看医生，最终被诊断为肺炎——双胞胎彼此之间的了解总是超过其他所有人的。

竞争与分离如约而至，如何维护他们之间的关系

不管早晚，双胞胎们之间也会出现竞争，这是意料之中的，甚至其他家庭成员会强化这一点。当双胞胎中的一个渴望得到某个玩具时，另一个可能会说："不要给他！"当双胞胎中的一个开玩笑似地咬另一个时，家里的其他孩子可能会说："戴维！不要让他那么做，咬回去！"当咬人者真的伤害到了自己心爱的双胞胎手足时，你可以看到他写满心疼与悲伤的眼神。

尽管父母们会做好准备迎接竞争，但依旧会对双胞胎对彼此的愤怒和斗争的激烈程度感到惊讶。硬币的另一面当然是他们之间深刻的联结，但生命头几年那种轮流占据主导地位的体验也使得他们开始了个体分化过程。当他们发展出更多的自我意识时，那些充满竞争与愤怒的情感一定会浮出水面。这些情感的强度也恰恰说明了他们有多么难以和彼此分开。在一场打闹之后，父母需要去安抚他们双方。父母要知道，维持双胞胎之间的关系，而不是强行让他们分开，是更加重要的目标。

致谢

感谢全国各地的父母们，没有你们富有远见的建议和积极敦促，就没有这套简明实用的育儿书籍问市。感谢卡琳·阿杰玛尼、玛丽·考德威尔、杰弗里·卡纳达、玛丽莲·约瑟夫；感谢婴儿大学的员工卡伦·劳森和她已故丈夫巴特、戴维·萨尔茨曼和卡雷萨·辛格尔顿，感谢他们坚持不懈的努力，从他们身上我们学到了很多；感谢编辑默洛德·劳伦斯在图书编写和出版过程中给予的建设性意见与指导。最后，还要特别感谢我们的家庭，感谢他们所给予的鼓励与耐心，感谢他们曾教给我们的一切，我们书中很多素材来源于此。